中国劳动关系学院学术论丛

矿井巷道风流状态
"关键环"动态测量理论与技术

丁 翠 / 著

中国矿业大学出版社

·徐州·

内 容 提 要

本书采用模型实验和数值分析等技术手段对矿井巷道风流动态精准监测开展研究,并对相关研究成果进行了论述。全书共六章,主要介绍了国内外矿井风流分布和风量监测研究现状、规则截面巷道"特征环"及"关键环"分布规律、不规则截面巷道"特征环"及"关键环"分布规律、灾变时期巷道内风流变化以及"关键环"分布规律、风量动态监测的理论与技术等。

本书可供从事矿井通风安全的技术人员参考,也可作为高等院校安全工程专业高年级本科生和研究生的参考用书。

图书在版编目(C I P)数据

矿井巷道风流状态"关键环"动态测量理论与技术 /

丁翠著.—徐州:中国矿业大学出版社,2022.7

ISBN 978-7-5646-5480-1

Ⅰ.①矿… Ⅱ.①丁… Ⅲ.①通风巷道-动态测量-研究 Ⅳ.①TD263

中国版本图书馆 CIP 数据核字(2022)第 120352 号

书 名	矿井巷道风流状态"关键环"动态测量理论与技术
著 者	丁 翠
责任编辑	姜 华
出版发行	中国矿业大学出版社有限责任公司
	(江苏省徐州市解放南路 邮编 221008)
营销热线	(0516)83884103 83885105
出版服务	(0516)83995789 83884920
网 址	http://www.cumtp.com E-mail:cumtpvip@cumtp.com
印 刷	苏州市古得堡数码印刷有限公司
开 本	787 mm×1092 mm 1/16 **印张** 10.5 **字数** 200 千字
版次印次	2022 年 7 月第 1 版 2022 年 7 月第 1 次印刷
定 价	50.00 元

(图书出现印装质量问题,本社负责调换)

前　言

习近平总书记高度重视安全生产工作,对当前安全生产作出系列重要指示批示,"红线意识"和"两个至上"已深刻融入人们的生产生活。在党中央、国务院的坚强领导下,我国各行各业特别是矿山高危行业的安全生产形势持续稳定好转,实现了事故起数和死亡人数连续20年双下降。然而近年来,随着我国矿产资源开采逐步向深部发展,热害问题、粉尘问题和瓦斯问题等愈来愈突出,矿山安全生产事故有了抬头的趋势,较大和重大事故时有发生,而多数事故是由通风不良造成的,矿井通风安全被提升至空前高度。因此,对我国矿井通风系统风流分布、风量精准监测和通风系统优化等问题进行深入研究,对于提升我国矿山通风安全管理水平,保障我国矿山行业安全生产具有重要意义。

本书采用模型实验和数值模拟等技术手段对矿井通风安全若干关键问题开展了研究,并对相关研究成果进行了论述。全书重点介绍了矿井正常通风风流分布特性、灾变通风风流分布特征等研究成果,首次创新性提出了"关键环"和"特征环"概念,构建并阐释了不同断面形状巷道"关键环"特征方程及正常和灾变通风时期"关键环"的使用条件,并对其工程应用进行了探讨。

全书共6章,第1章为绪论,主要介绍了国内外在矿井巷道风流分布特征和矿井巷道风量动态监测研究等方面的相关进展;第2章重点论述了多参数巷道通风模型实验和同尺寸数值模拟的相关研究成果,首次提出了巷道通风"关键环"和"特征环"概念,构建并给出了井下常见几何断面巷道"关键环"的特征方程;第3章重点研究并阐释了不规则截面巷道内风流分布特征、不规则截面内"关键环"的影响因素和使用条件;第4章重点论述了火灾时期巷道内"特征环"的分布特征和火灾对"关键环"的影响规律及使用条件;第5章介绍了矿井巷道风量在线监测理论并探讨了"关键环"的工程应用前景;第6章系统总结了本书的相关研究结果,并对未来的工作提出了展望。

本书在撰写过程中得到了北京科技大学何学秋教授、重庆大学聂百胜教授等悉心指导与帮助,同时参阅了大量的国内外文献资料,在此谨向他们表示衷心的感谢!

在矿井巷道"关键环"动态监测与应用方面,本书取得了大量研究成果,但是还有很多内容有待今后进一步研究和完善。由于作者水平有限,错误和不足之处在所难免,敬请读者和专家批评指正。

著　者

2022 年 4 月

目　　录

1 绪　　论

本章阐述了国内外学者对正常通风时期巷道内风流的分布规律、平均风速测量的理论以及火灾时期风流的运动规律、风量的动态监测等方面开展的相关研究以及所取得的相应的研究成果。

1.1　引言

煤炭资源一直是我国主要的能源来源,煤炭在我国一次能源生产和消费中所占比重始终保持在 60% 以上。但是,我国的露天开采煤矿较少,92% 的煤炭生产是地下开采,而且经过多年的开采,浅部煤炭资源日渐枯竭,煤炭资源的开采越来越向深部拓展。

随着矿山开采强度的加大以及开采深度的增加,井下各采煤和掘进工作面中瓦斯涌出和聚集的程度也在增加,并且在一定条件下可能发生爆炸和燃烧。煤尘是井下煤炭生产过程中的产物,井下工作人员长期吸入过量的煤尘可以导致尘肺病,并且煤尘在空气中达到一定的浓度后,遇火源容易发生粉尘爆炸。除此之外,各类电气、机械设备的运转状况不良、电网发生短路以及明火等,都可能引燃运输胶带、电缆以及木支架等,造成井下外因火灾。因此,矿山开采强度和深度的增加更易引发严重的瓦斯、煤尘爆炸及矿井火灾等相关事故,严重威胁着井下的安全生产和工作人员的生命健康。

煤矿事故的频发对矿井通风系统提出了越来越高的要求,通风系统是煤矿六大系统之一,它是实现煤矿安全生产、预防和治理各种灾害的基本系统。矿井通风的目的是为井下的工作人员以及各种用风场所提供足够的新鲜风流,稀释或冲淡随着煤炭开采而出现的各种有毒、有害、爆炸性气体及粉尘,保证井下作业空间的良好气候条件,为井下工作人员营造一个安全、舒适的劳动环境。事实证明,矿井通风系统与关乎安全生产的关键因素有着密切关系,许多煤矿的严重事故和通风系统管理不善或设计不合理有着重要关系[1]。特别是瓦斯

(煤尘)爆炸、火灾事故一直是煤矿主要的伤亡事故,并且都与通风管理有着密切的关系。历史上发生的多起瓦斯(煤尘)爆炸事故,都是由于通风不良所引起的[2]。如2012年8月29日,四川省攀枝花市肖家湾煤矿发生特别重大瓦斯爆炸事故,造成48人死亡、54人受伤。该事故就是由于通风管理混乱,通风系统可靠性差,回风巷道严重失修,从而使有效风量不足所导致。2007年4月16日,河南省平顶山市王庄煤矿发生特别重大瓦斯爆炸事故,井下死亡31人、伤9人,救护队在抢救过程中发生二次爆炸,造成15名救护队员受伤。该事故也是由于通风管理混乱,局部通风机停风使涌出的瓦斯积聚达到爆炸浓度,遇到明火引起瓦斯爆炸,同时煤尘也参与了爆炸。可见,矿井通风在安全生产中起着至关重要的作用。

　　然而,目前我国仍有许多矿井的通风监测系统建设不完善,无法有效保证井下巷道以及采掘工作面的风量。同时,对于矿井火灾时期风流的分布规律的研究存在不足。因此,研究矿井巷道风量准确测量技术及方法,在矿井正常生产时期和发生事故时期都具有非常重要的意义。在正常生产时期,通过对矿井巷道平均风速及风量进行动态监测,研究分析巷道内风速及风量的变化特征,可以及时发现异常并进行预警,同时可以针对通风系统设计方案本身存在的问题提出相应的改进措施,对通风系统的优化以及提高通风系统的管理水平具有非常重要的意义;在井下发生火灾时期,由于温度升高,发生"烟流滚退"等情况,造成井下风流紊乱,此时巷道断面的风流分布及平均风速的分布区域均受到影响,所以有必要分析灾变时期巷道内风流分布及平均风速分布区域的变化,以便于了解灾变时期风流状态及其影响因素。虽然目前关于矿井通风的研究很多,理论也比较完善,但是关于井下通风状态的描述和风流分布的实用特征的研究较少。因此,本书首先提出两个新的概念"关键环"和"特征环",通过对"关键环"和"特征环"的研究,可以更加深入地了解井下的风流状态,对通风系统管理及提高矿山的安全水平具有重要意义,特别是对"关键环"的定量研究是实现风量监测的一个关键环节。

1.2　正常时期矿井巷道风流分布

1.2.1　巷道风流分布规律的数值实验

周西华等[3-4]对巷道风流分布进行了数值模拟,沿着巷道方向对巷道的纵向截面进行了二维平面的数值模拟,对沿着巷道方向的风流结构进行了分析,由于巷道空间是三维立体空间,因此对于风流在巷道中流动的二维模拟只能反映其所在平面的分布情况,不能代表风流在空间中的结构分布。陈雯等[5]利用Fluent 模拟软件对锅炉二次风管道风速分布进行了三维数值模拟,得出了不同条件下管道出口截面的风速分布,发现模拟出口截面的平均风速值与实际所测得平均风速值能较好地吻合,但是并未对平均风速的分布区域做进一步的分析。王峰等[6]对曲线隧道的风速分布进行了 Fluent 数值模拟,通过模拟发现曲线隧道截面上的风速分布具有极大的不对称性,隧道外侧风速较大,内侧风速较小,但是并未分析平均风速在截面上的分布情况。高建良等[7-8]采用三维$\kappa\text{-}\varepsilon$紊流模型对工作面巷道和贯通型巷道的风速分布进行了数值模拟,得出了掘进巷道空间的速度分布和贯通型巷道截面中轴线上的风速分布,但未对横截面上的速度分布以及平均风速进行分析。郝元伟等[9]和贾剑[10]利用 CFD 数值模拟软件对矩形截面、拱形截面以及梯形截面巷道内的风流场进行了三维数值模拟,分析了不同截面形状下风流的分布规律,通过模拟结果得出巷道截面上某一点的风速值与该截面上的平均风速成线性关系,并且得出了修正系数。该研究结果对于平均风速的测量具有一定的指导意义,但是由于其只分析了截面上某一点与平均风速的关系,并未对整个截面参数与平均风速的关系做进一步的分析,不能由截面上任一点的风速值得出平均风速值,因此需要做进一步的深入研究。祝兵等[11]采用二维定常不可压缩 Navier-Stokes 方程对公路隧道内不同工况下的风速分布进行了数值模拟,根据模拟结果对沿着隧道的纵向风速分布规律进行了分析研究,然而依然未对横截面上的风速分布规律以及平均风速进行分析。Luo Yonghao 等[12]、Diego 等[13]和 Parra 等[14]通过数值模拟的方法研究不同截面的风速分布,获得了风速的分布规律,但未能进一步推导出平均风速的计算公式以分析平均风速与截面形状等因素的关系。

通过文献调研可以发现,目前对巷道截面上风流分布规律的数值模拟的研究较少,相关研究主要侧重于风流分布的二维数值模拟,并且集中在沿巷道方向纵截面上的风流分布情况,而对于横截面上的风速分布主要是进行宏观上的描述,没有进行更进一步的具体的量化分析,特别是对横截面上平均风速的分布规律以及平均风速与巷道截面相关尺寸的关系的研究少见报道。

1.2.2 巷道平均风速测量的理论及实验

马勇等[15]对被动式太阳房集热墙风口平均风速的测定进行了研究。通过实验室模拟风口实验,测量分析风口截面上不同风量下风口的平均风速,找出测点风速等于平均风速的分布区域,从而确定了风口截面上平均风速的测量位置。该研究采用的方法对于平均风速的测量有很好的启示作用,但由于该研究并未分析平均风速与截面形状、风流流量及壁面特性等因素的关系,因此其结果不具有普遍适用性,有待进一步研究。

端木礼明等[16]、孙东坡等[17]、Tominaqa 等[18]和 Naot 等[19]则对受侧壁影响的矩形截面流速分布进行了研究,并建立了矩形截面二元流速分布公式。

$$
\begin{aligned}
u = a\sqrt{\frac{1+b}{b}}\left(2\sqrt{1-y}+\ln\left|\frac{\sqrt{1-y}-1}{\sqrt{1-y}+1}\right|\right) + \\
\sqrt{(c^2-a^2)(1+b)}\left(2\sqrt{1-bz}+\ln\left|\frac{\sqrt{1-bz}-1}{\sqrt{1-bz}+1}\right|\right) + c_1
\end{aligned}
\tag{1-1}
$$

这项研究根据理论推导了矩形截面的断面流速分布公式,实现从理论上计算矩形截面任何一点的风速。对于矩形截面来讲,式(1-1)具有普遍适用性,但由于其准确性还较差,有待进一步推导,并利用实验进行修正。

尹进高等[20]和谢志伟等[21]对梯形断面中垂线流速分布规律进行了研究,通过引入尾流函数公式对对数律速度分布函数进行修正,获得了准确性较好的梯形截面中垂线的速度分布计算公式,并对过水断面的平均流速进行了分析,发现不同尾流强度下,无量纲水深和无量纲流速的拟合曲线的交点即为该断面的平均流速。这项研究虽然获得了平均流速点,但由于研究的是截面中垂线上的速度分布,即平均风速的测点位于中垂线上,无法推广应用至矿井巷道平均风速测量上,因此需要进一步对梯形截面风速分布规律进行研究,确定平均风速点。

徐根海[22]针对圆形管道紊流现有流速公式存在的不足,从管内紊流动量

传递系统分布模式出发,得到了一个简单实用的管道紊流流速公式:

$$\frac{U_{\max}-U}{U_*}=\frac{1}{a}\left[1-\sqrt{1-\left(1-\frac{y}{R}\right)^2}\right] \quad (0\leqslant y\leqslant R) \qquad (1-2)$$

但是该研究所得到的管道平均流速公式仍然难以实用化,最大流速仍然需要去确定,因此有待进一步研究。而王丽娜等[23]和刘殿武[24]通过引入速度场系数建立其圆形截面平均风速与最大风速之间的关系,通过实验一次确定最大风速的位置,并计算速度场系数,便可以计算确定平均风速。该研究为圆形截面平均速度测量提供新的方法,但其研究方法局限于圆形截面,而圆形截面速度分布较为规律,其速度场系数难以引入其他形状截面的风速测量中。

邵长宏等[25]分析和讨论了矿山井巷测风方法的不足及存在的问题,通过风量测量的理论计算和对现场风量进行实际验证,提出了井巷中心定点测风法和井巷平均风速点测风法,确定在距井巷顶、帮 1/4 井巷半径处为井巷紊流风速的平均点。由于该研究将所有井巷近似为圆形,并且未考虑壁面条件等因素的影响,因此其关于平均风速测量的结论误差较大,有待进一步研究。

樊小利[26]、欧冰洁等[27]、张惠军等[28]和程启明等[29]分别分析了不同的风速测量技术在各个领域的应用情况,并介绍了风速测量方法及其优缺点,但未提及如何测量平均风速。王剑等[30]对目前使用较为广泛的三种风速传感器,如热线风速仪、超声波式测风传感器和硅压阻固态正交式测风传感器的测速原理及优缺点进行详细的阐述,但同样未提及如何准确测量平均风速。安凤玲等[31]和仲伟博等[32]介绍了光纤及光电方式测量流速的传感器,对其测速原理和过程进行了分析,为研制新型风速传感器提供了新的方法,但仍然需要解决平均风速测量位置的问题。

通过对矿井巷道平均风速测量实验研究现状的调研可以发现,目前相关研究主要集中在规则截面上平均风速的测量,其研究结果推广性较差,有些公式未进行科学的验证,并且未能获得平均风速与截面形状、壁面情况等参数的关系。由于通风系统是保证矿井安全生产的根本,准确的风量测定对于防治瓦斯灾害和炮烟中毒事件有着十分重要的作用,因此研究如何一次性准确测量巷道平均风速是十分必要的。

1.3 火灾时期巷道风流分布

掌握火灾时期巷道风流的分布规律,对于及时发现灾情以及科学制定救灾措施和规划正确的逃生路线都具有非常重要的意义。

火灾是矿井的五大灾害之一,井下火灾多为富燃料燃烧,在燃烧过程中会生成大量的有毒、有害气体,严重威胁着井下工作人员的生命安全,造成人员伤亡和财产损失;井下火灾还会与矿井通风系统相互作用,扩大火灾的影响范围,产生二次灾害。因此,在火灾期间准确、迅速地掌握矿井通风系统内的风流状态,对于合理地控制风流和抢险救灾具有非常重要的意义。

1.3.1 火灾模型

20 世纪 70 年代,随着计算机技术的发展,各国学者开始对矿井火灾数值模拟进行研究。美国密西根大学的 Grouer 教授在 1973 年编制出最早的矿井火灾稳态模拟程序,但是该程序输入的经验性参数较多,并且未考虑矿井通风的条件及井下火源强度的相关影响。于是研究者对该程序进行了改进,分别在 1979 和 1987 年完成了用于井下火灾时期风流状态模拟和控制研究的程序和矿井火灾瞬态模拟程序,即 MTU-BOM[33]。该程序经过不断完善,最终形成了目前在火灾模拟中使用较广泛的 MFIRE 软件[34-35]。我国从20 世纪 80 年代中期起,先后对矿井火灾的相关软件程序进行了研究,多家院校和科研单位,如中国矿业大学、煤科院重庆分院、煤科院抚顺分院、淮南矿业学院等均对用于模拟火灾时期巷道内风流流动状态的软件程序进行了开发,并取得了较多的成果。

美国标准技术研究所 NIST(National Institute of Standard and Technology)开发了现在广泛应用的 CFAST(Consolidate Fire and Smoke Transport)模型。该模型也是多室区域软件中所采用的火灾模型[36],多室区域软件主要用于模拟火灾及其烟气在建筑物内蔓延的过程。CFAST 模型将火灾的发展过程划分为燃烧发展段、稳定段和衰减段三个阶段,在火灾的燃烧发展段和衰减段通过平方模型进行描述,而利用预先给定的燃烧最大热释放速率(也称热释放率、释热率)实现火灾稳定段的描述,因此可由如下公式表示整个火灾燃烧发展过程中的热释放率:

$$\dot{Q} = \alpha \cdot t^2 \qquad 0 \leqslant t \leqslant t_1 \tag{1-3}$$

$$\dot{Q} = \dot{Q}_{\max} \qquad t_1 \leqslant t \leqslant t_2 \tag{1-4}$$

$$\dot{Q} = \beta \cdot (t - t_3)^2 \qquad t_2 \leqslant t \leqslant t_3 \tag{1-5}$$

$$\beta = \dot{Q}_{\max} / (t_2 - t_3)^2 \tag{1-6}$$

Modic[37]采用 IDA Road Tunnel Ventilation 软件对隧道内的火灾进行了数值模拟,该软件可计算隧道内空气压力、气流分布、温度以及 CO 和 NO$_x$ 的含量。在该数值模拟研究中采用固定释放热量的稳态火源作为火灾模型,其中火灾烟流区域的平均温度通过下式进行计算:

$$T_F = \frac{q}{\rho c_p A V_c} + T \tag{1-7}$$

该模拟计算了在多种火灾情景下烟流沿着隧道方向的速度分布和温度分布,并分析了火灾期间在局部通风机开、关两种情形下隧道内温度和烟流速度的变化。但该模拟所使用的火灾模型属于固定热量输出类模型。

何学秋等[38]通过对目前已有的应用于通风网络中的各种火灾模型进行分析,并将火灾的燃烧模型分为固定热量输出火源、富氧燃烧类火源以及富燃料燃烧类火源三种类型。具体来说:① 在固定热量输出火源的燃烧模型中,火源燃烧时释放的热量和生成的烟流量人为设定。由于该类火源模型较简单,因此被广泛应用于矿井火灾风流动态的模拟计算中。② 富氧燃烧类火源的燃烧模型是由火源下风侧风流中所含氧气浓度在 15% 以上实现的。通过火源燃烧时的单位时间耗氧量(m^3/min)乘以单位体积耗氧量生成的热量来计算该类火源所释放的热量。③ 富燃料燃烧类火源的燃烧模型是由火源下风侧风流中所含氧气浓度接近零来实现的;同时,通过单位体积耗氧量生成的烟流量,可以求出火灾期间单位时间烟流生成量。该类火灾模型较为简单,其火灾发展过程主要通过人为设定的一些经验性参数进行描述,而未真正考虑火灾燃烧的过程;但是该类火灾模型的燃烧计算对于一般矿井的火灾过程而言仍然具有较高的可信度和准确度。

Chow[39]采用区域火灾模型 CFAST 对隧道火灾进行了模拟,火源材料分别选用了木材、客车、地铁车厢、卡车、校车 5 种不同工况。通过模拟软件对隧道内风流速度矢量、烟气浓度、烟流温度以及烟气层的高度进行了预测,并与其他区域火灾模型 CCFM. VENTS、JASMINE 进行了比较,通过对比发现区域火灾模型 CFAST 比其他区域火灾模型能够更好地预测烟流平均温度和烟气层的高度。

Jain 等[40]对两种模型 CFX 和 CFAST 在模拟火灾时的优缺点进行了比较。通过研究发现,CFAST 火灾模型比其他模型可以更好地计算火灾时期巷道内烟气的平均温度,但是对于巷道内温度的分布情况以及火灾对于巷道内风流状态的影响却无法描述,也无法进行评估;同时发现在采用区域火灾模型模拟时,影响 CFAST 模拟结果准确性的一个非常重要的因素是火源位置。而采用 CFD 模拟火灾时,可提供更详尽的烟流运动信息,模拟结果不仅能够对火灾期间巷道内任意地点温度场的分布情况进行预测,而且也能够较准确地描述巷道内的风流状态,因此 CFD 更加广泛地应用在火灾模拟方面。

新加坡学者 Xue 等[41]分析了涡旋破碎模型(Eddy Break-up Model)、VHS (Volumetric Heat Source)模型以及 PrePDF 燃烧模型 3 种火灾模型的优劣。在模拟室内火灾、商场火灾以及巷道火灾时,分别利用 Fluent 软件对上述 3 种模型的准确度进行了分析研究。通过与实验火灾所测得的结果进行对比发现,在巷道火灾模拟方面,3 种模型均具有较高的准确性,其中 PrePDF 燃烧模型及涡旋破碎模型对火灾期间热烟气的运动能够更准确地进行描述。通过对 3 种模型的分析发现,VHS 模型只需给出烟气量和火灾释热量便可进行模拟计算,而不需考虑火灾化学反应过程;PrePDF 燃烧模型和涡旋破碎模型的模拟计算比较复杂,在计算过程中需要求解化学反应动力学方程。

挪威学者 Nilsen 等[42]比较了场模型、"Hand Model"以及区域火灾模型,通过对比分析可知"Hand Model"是通过人工将相应的火灾灾情表内的信息输入计算机程序中从而实现对火灾的模拟,其计算过程与 VHS 模型类似,并且通过将模拟结果与实验结果对比发现:无论是小功率的火灾还是 100 MW 释热率的大型火灾,"Hand Model"的模拟结果均与实验结果较好地符合,并且由于模型简单而具有较大的应用空间。在矿井火灾模拟方面,"Hand Model"和 VHS 模型计算简单,对网络解算负担较小,而井下火灾更注重火灾发生后对整个通风系统的影响,因此这两种模型更适合于矿井通风网络分析系统中的火灾模拟。

马洪亮等[43]将多单元区域的思想加入区域火灾模型中,利用 CFAST 软件对矿井火灾进行了模拟。在该模拟中将矿井巷道分割成 30 个单元,并且根据相邻空间垂直开口的上下边缘距离地面的高度,分别假设了 3 种物理模型,火源采用的是固定输出热量的稳态火源。通过对模拟结果分析发现,在相同火源功率下,3 种模型的烟气层随时间的变化规律非常相似,尤其在距离火源较远的区域更是如此,证明多元区域模型在矿井火灾中的应用是可行的。

Yang 等[44]用 FDS 软件模拟了不同燃烧模型下封闭区域内的火灾,预测了在不同火灾强度下,热释放率、上层烟流温度分布以及 CO 的释放量。将模拟结果与实验值进行比较,FDS5 的模拟结果表明,当为小型火灾($GER<0.2$)时,上层烟气温度受小型火灾规模和混合模型常数的影响,其预测值往往低于实验值,最大偏差为 39%;当为大型火灾($0.53<GER<0.81$)时,上层烟气温度受混合模型常数的影响较大,此模型往往过高预测了大型火灾的上层烟气温度,最大偏差为 24%;当 GER 达到 2.3 时,此模型可以较好地预测上层烟气温度,且湍流模型的相关参数不会影响上层烟气温度的预测结果。该模拟结果显示 CO 的释放量、热释放率与上层烟气温度相比,更容易受到湍流模型相关参数的影响。

杨立中等[45]在区域模拟理论的基础上加入木材点燃复合判据和总辐射能量判据,从而建立了室内火灾模型。该模型考虑了在基本的能量、质量等方程中加入辐射换热模型以及火焰羽流卷吸的作用,形成了最终模拟的火灾模型。但是由于该模型并没有真正考虑火灾燃烧的发展、稳定及衰减过程,并且未考虑火焰逐渐蔓延的过程,因此该火源模型与文献[38]中所提到的固定释放热量的稳态火源在本质上是相类似的。

Migoya 等[46]开发了 UPMTUNNEL,它是一种新的且比较简单的类似于场模型的火灾模型。该模型在计算模拟中将巷道分为上风流的烟气区和下风流的扩散区两个区域。火源的燃烧过程主要在上风流的烟气区域内进行,并且火源的燃烧过程是不可逆反应:

$$C_nH_m+(n+m/4)(O_2+k_fN_2)\rightarrow nCO_2+(m/2)H_2O+(n+m/4)k_fN_2$$

$$(1\text{-}8)$$

烟气温度的求解是将烟气温度 T 与燃料和氧气的质量比 ξ 相关联而获得的:

$$T=T_f-(T_f-T_1)\frac{\xi-\xi_{st}}{1-\xi_{st}} \quad \xi>\xi_{st}$$

$$T=T_a-\xi\frac{T_f-T_a}{\xi_{st}} \quad \xi\leqslant\xi_{st}$$

$$(1\text{-}9)$$

绝热燃烧的温度 T_f 可以通过下式计算获得:

$$T_f = \xi_{st}\left(T_1 + \frac{Q}{c_p} - T_a\right) + T_a \tag{1-10}$$

对模拟的上风流烟气区烟流的形状描述通过 Gaussian 函数的计算来实现,而通过求解动量方程可以较准确地模拟下风流扩散区烟气的运动情况。通过对模拟结果的研究发现,在一定条件下,该火灾模型可以更准确地描述巷道内温度场的分布,但是在使用时巷道入口的通风风速必须大于火灾的临界风速,即在发生火灾情况下要求上风流区域不能发生烟流滚退现象。因此,该火灾模型的使用范围非常有限,仅在某些矿井巷道内特殊火灾工况下可以使用。

在火灾科学领域,关于火灾释热量的变化,也有较多的研究。国内多位学者[47-50]对几种常用的火源释热率模型进行了研究。t^2 火灾模型主要是对火源发展初期火灾的释热率进行描述,该模型把实际的火灾燃烧过程描述为由缓慢增长的发展初期到后来的影响范围扩大的显著增长期,并可通过下式进行表述:

$$Q = bt^2 \tag{1-11}$$

$$b = Q_0 / t_0^2 \tag{1-12}$$

上式中的 b 可通过燃烧物释放的热量达到 1 MW 时所用的全部时间来获得,它是火源的发展系数,同时可以衡量火源蔓延的快慢。但是 t^2 火灾模型也有一定的缺陷,它无法描述火灾的衰减阶段,而仅针对火源的增长和发展阶段进行描述。因此,在以上模型基础上 CFAST 软件[36]发展出了能够描述火灾增长阶段、稳定燃烧阶段以及衰减阶段的新型火灾模型。

德国卡尔斯鲁厄大学的火灾研究所研究了大量的火灾实验[51],实验范围包括各种工业货架火灾、汽车火灾、仓库火灾以及卧室火灾,所有的火灾实验均在尺寸为 30 m×15 m×12 m 的火灾实验大厅中进行。通过对以上实验的分析得出了具有指数形式的热释放率火灾模型:

$$Q = Q_0 e^{\alpha t} \tag{1-13}$$

虽然该模型在多种火灾事故中的应用性较好,但是火灾的蔓延速度和火灾初始热释放率之间的数学关系在该模型中并没有明确,因此,随着燃烧可燃物的变化,该模型的计算准确度会呈现出较大的差异,因而存在一定的弊端。

雷兵[52]和张进华等[53]对公路隧道内的火灾进行了数值模拟,建立了隧道内火灾烟气流动的物理模型和数学模型,通过将组分方程以及状态方程加入连续性方程、能量方程以及运动方程,形成了烟气的流动及传热控制方程,并根据模拟结果对隧道内纵向及横向的烟气场和温度场进行了分析。但是这些火灾模型均忽略了燃烧时的化学反应,且未考虑火灾的发展过程,依然为火灾稳态模型。

Li 等[54]利用 CFD 对隧道内不同规模、不同燃烧物的火灾进行了数值模拟,在该模拟中火源设置在隧道的中部,并且考虑了火源的发展过程,分析了隧道内发生火灾情况下的安全临界风速、火灾发展不同时段隧道截面的速度矢量和温度分布以及沿着隧道方向的纵向温度变化;但是对隧道截面上的平均风速分布区域以及火灾情况下的风量变化未进行讨论和研究。

张发勇等[55]对隧道火灾通风进行了数值模拟,火灾模型选用的是 PPDF 燃烧模型,采用局部瞬时不混合快速反应 PPDF 湍流模型进行计算,分析了火灾时期不同风速条件下隧道内温度的分布规律,并且对隧道内典型位置的风速进行了比较评估,模拟结果与实验数据可以实现较好的吻合;然而对火灾时期隧道截面上的风速分布规律以及风量的变化未进行分析。

Lin 等[56]用 FDS 软件对隧道内火灾进行了数值模拟,在该模拟中火灾功率选用 100 MW,为稳态火灾模型,其中火灾特征直径 D^* 采用下式进行计算:

$$D^* = \left(\frac{Q}{\rho_\infty c_\mathrm{p} T_\infty \sqrt{g}} \right)^{2/5} \tag{1-14}$$

在该研究中,对 5 种工况下火灾烟气扩散、CO 浓度和温度分布规律以及纵向的风速变化进行了分析;然而未提及火灾时期隧道横截面上风速的分布变化。

1.3.2 火灾烟气运动的数值模拟

苏传荣等[57]和蒋军成等[58]采用数值模拟方法对矿井火灾时期烟气在巷道中的流动规律进行了研究,其中选用具有固定温度的火源作为火灾模型,同时将火源处烟气浓度设定为常数,利用 Simple 算法以及 $\kappa\text{-}\varepsilon$ 方程的湍流模型进行计算,在计算结果中可以观察到明显的烟流分层现象。

成剑林等[59]对地铁内的火灾进行了数值模拟,并且利用 Fluent 软件来实现三维计算。其中火灾模型选用湍流燃烧模型,该模型是由最初的涡旋破碎模型 EBU 发展形成的,同时在计算中考虑了火灾的节流效应和浮力效应。该火灾模型可用下式表示:

$$h_f = (\rho - \rho_0) g L \sin\,\alpha = \rho_0 g L \sin\,\alpha (m_k - 1) \tag{1-15}$$

$$h_j = \frac{1}{2}\rho_0 \left[v_0^2 \left(\frac{1}{m_{k2}} - \frac{1}{m_{k1}} \right) + g D (m_{k1} - m_{k2}) \cos\,\alpha \right] \tag{1-16}$$

该模型的模拟结果与以往的研究相一致,并且与火灾实验结果吻合较好,均可以看到明显的烟气分层和烟流滚退现象。

褚燕燕等[60]在火灾数值模拟中引入了烟气层下降速度和火风压模型,通过与实验结果对比发现该模拟结果的准确度较高,可通过下式分别表示烟气层下降速度和火风压模型:

$$v_{sd} = \frac{v_p}{A_c} \cdot \frac{\rho_p}{\rho_s} \tag{1-17}$$

$$h = 1.25 Z \cdot \frac{t_2 - t_1}{273 - t_2} \tag{1-18}$$

通过对火灾模型的研究总结发现,对于井下火灾发生后巷道内顶部区域出现的烟流滚退现象[61-76],有较多的学者进行了大量的理论和数值模拟分析。周心权等[61]将火灾现象和环境流体力学理论结合起来,在已有的火烟羽流模型基础上进行分析,最终得出了矿井平巷内烟流滚退距离的数学表达式:

$$l = \left(\ln \frac{T_{fire} - T_a}{M T_a} \right) k'' \alpha^{-1} \mid B_0 \mid^{1/3} H^{5/3} U^{-1} c_p \rho_a \mid 1 - k B_0^{2/3} g^{-1} H^{-5/3} \mid \tag{1-19}$$

$$M = (k')^2 B_0^{-2/3} H^{-10/3} A^2 u_a^2 \mid 1 - k B_0^{2/3} g^{-1} H^{-5/3} \mid^{-2} - 1 \tag{1-20}$$

$$B_0 = Q_0 \Delta\rho_0 g / \rho_a \tag{1-21}$$

王海燕等[62]在上述研究结果的基础上进一步分析了烟流滚退距离与多种参数之间的关系,得到了烟流滚退距离的表达式:

$$\frac{T_{20} - T_a}{T_a} k_7^2 u_a^2 \Big/ \left[\left(u_{20} - \frac{\tau_{w2} + \tau_{wa}}{\rho_{20} u_{20} h_2} \right)^2 - k_7^2 u_a^2 \right]$$

$$= \exp\left\{ \frac{a_1 L}{2\rho_{20} u_{20} h_2 B c_p} \left[h_2 + \frac{\rho_{20} u_{20} h_2}{\rho_a k_7^2 u_a^2} \left(u_{20} - \frac{\tau_{w2} + \tau_{wa}}{\rho_{20} u_{20} h_2} L \right) \right] \right\} \tag{1-22}$$

在该研究中相关参数对烟流滚退距离的影响均进行了考虑,如风流的流动状态、风流的物理特性参数、巷道的特征参数、火源的相关参数以及巷道壁面粗糙度等参数;但是由于该研究未通过实验或数值模拟加以验证,故其准确度无法确定。

周福宝等[63]亦对烟流滚退现象进行了研究,在数值模拟结果中发现火灾热释放率和通风风速对烟流滚退距离的影响较大:火灾热释放率越强,烟流滚退距离越大;而通风风速越大,烟流滚退距离越小。同时,周福宝等[64-65]对烟流滚退距离进行进一步的理论分析,从而最终得到了影响烟流滚退距离的无量纲参数:

$$l = \varphi(E_u, F_u, (1 - \sin \theta)^n) \tag{1-23}$$

$$E_u = \frac{\dot{Q}}{P_u A u_0^3} \tag{1-24}$$

$$F_u = \frac{gD}{c_p \Delta T} \tag{1-25}$$

虽然在理论分析中得到了影响烟流滚退距离的重要相关参数和烟流滚退距离之间的数学关系,但是该研究并未给出具体的数学表达式,因而很难进行实际应用。因此在以上研究成果的基础上,通过进一步的无因次分析和实验研究[64,66],获得了烟流滚退距离的数学表达式,从而实现了定量描述烟流滚退现象。烟流滚退距离计算公式如下:

$$l^* = k_1 \exp\left(k_2 \frac{\dot{Q}}{\rho_0 A u_0^3}\right) \tag{1-26}$$

Beard等[67]对前人研究的烟流滚退现象进行了归纳总结,通过对隧道或巷道内火灾的相关研究结果进行分析,得出了烟流滚退距离 d 的计算公式,并且该公式获得了广泛的应用。

$$\frac{d}{H_d} = C_d \frac{gQ}{\rho_a c_p T_a u^3 H_d} \tag{1-27}$$

式中,C_d 为比例系数,其取值一般为常数 1.4;H_d 为火源位置距隧道或巷道顶部的距离,m。然而对于大型火灾,该公式的计算精度较差,因此其应用有一定的局限性。随后 Hu 等[68]对上述烟流滚退距离数学表达式进行了进一步的分析,通过数值模拟和实验研究实际隧道内的大型火灾烟流滚退情况,最终弥补了上述公式的不足,获得了烟流滚退距离 d 的新计算公式,该公式可以较准确地计算大型规模的火灾。

$$d = \ln\left(K_2 \frac{C_k H}{u^2}\right) \Big/ 0.019 \tag{1-28}$$

其中：

$$K_2 = g \cdot \gamma \frac{Q^{2/3}}{F_r^{1/3}} \tag{1-29}$$

由于在火灾期间，烟流滚退现象对巷道内上风流区域的影响较大，因此许多学者在烟流滚退的临界风速方面开展了研究。Hwang 和 Edwards[69] 对火灾期间巷道内的临界通风风速的研究进行了总结，临界风速是指使烟流滚退距离为零的风速，同时结合实验数据获得了临界风速的表达式：

$$u_{cr} = aQ^{1/3} \tag{1-30}$$

当火灾的热释放率介于 $10 \sim 10^4$ kW 之间时，式(1-30)的计算结果能够较好地符合实验结果；然而当火灾的热释放率不在此范围内取值时，该临界风速表达式的计算结果较大地偏离实验测试值，特别是与 Department 等[70] 和 Wu 等[71] 的实验研究结果相比，产生了较大误差。随后 Kennedy 等[72] 通过火灾期间临界风速的相关研究，获得了一个更加准确的临界风速计算表达式：

$$u_{cr} = K_1 K_g \left(\frac{gHQ}{\rho c_p A T_f} \right)^{1/3} \tag{1-31}$$

其中：

$$T_f = \frac{Q}{\rho c_p A u_{cr}} + T_{in} \tag{1-32}$$

巷道的倾斜度和烟气的温度对烟流滚退临界通风风速的影响在该公式中予以考虑；同时在该研究中对倾斜度为 $0° \sim 10°$ 的巷道进行了一维的数值模拟，发现当火源释热率 $Q < 30\ 000$ kW 时，该模拟结果与实验结果符合良好。

Kunsch[73] 通过对火灾的研究也得到了临界风速的数学表达式，此表达式采用二维数值模拟并重点考虑了火灾释热率及巷道的宽高比对临界风速的影响，并且模拟结果与实验结果定性符合较好。

$$u_{cr}^* = C_3 \sqrt{C_1 \Delta T_0^*} \frac{\sqrt{1 + (1 - C_2/C_1) \Delta T_0^* Q^{*2/3}}}{1 + \Delta T_0^* Q^{*2/3}} Q^{*2/3} \tag{1-33}$$

其中：

$$C_1 = 1 - 0.1 \frac{H}{W} \tag{1-34}$$

$$C_2 = 0.574 \times \frac{1-0.1\dfrac{H}{W}}{1+0.1\dfrac{H}{W}} \left(1-0.2\dfrac{H}{W}\right) \tag{1-35}$$

$$C_3 = 0.613 \tag{1-36}$$

$$\Delta T_0^* = 6.13 \tag{1-37}$$

Li 等[74]对临界风速进一步进行了研究,获得了高火灾热释放率下临界风速的表达式,同时发现当热释放率大于一定值时,临界风速便与火灾热释放率无关。

Vauquelin 和 Wu[75]以及 Woodburn 和 Britter[76]采用数值模拟研究了隧道火灾的烟气运动,模拟结果与上述火灾期间烟气运动的研究成果相类似,巷道内的温度分布和烟流滚退边界层的速度受巷道内通风风速的影响较大,而且前者在以上研究结果基础上还有新的发现,即隧道的高宽比对于临界通风风速和烟流运动有着重要的影响。

通过对烟流滚退临界风速相关研究的分析可知,虽然有不同的公式对临界风速进行计算,但是对于井下常见的火灾规模,相关临界风速计算结果的差异较小,并且公式均满足临界风速与 $Q^{1/3}$ 成正比,因此在实际火灾研究中可通过此定律对临界风速进行估算。

1.3.3　火灾时期巷道风量动态监测

在火灾期间井下风流的变化过程是非常复杂的,并且由于火灾发展速度快,很难通过实验得到比较全面的火灾期间井下风流状态的数据资料。因此,计算机模拟的方法大量地被国内外学者研究和使用,并且取得了相应的研究成果[77-85]。

矿井火灾期间,时间区间法和微分方程法是两类主要的通风状态的模拟方法[79-81]。微分方程法是首先建立火灾发展蔓延过程、围岩传热、烟流扩散等相应的微分方程组,然后通过利用有限差分方法求解该方程组,从而获得比较精确的通风状态相关参数的数值解。然而这种计算方法非常复杂,目前很难达到普遍应用的程度。时间区间法的计算过程可以描述为风流状态在每个微小的时间区间内是稳态的,通过前一时刻的数据计算出巷道内火灾烟气的扩散范围、火灾对风流状态的影响以及风流的温度等,同时当前时刻相关参数的求解通过稳态通风网络解算方法获得。依此类推,按照时间区间的方法逐一根据火灾的发展向前计算,便可得到从火灾发生时刻开始向后发展过程中任意时刻的数据。这种计算方法由于计算量较小并且方法较简单,同时可以基本获得火灾期间巷道内风流状态的变化情况,因而逐渐在当前火灾通风模拟中得到广泛应用。

张圣柱等[86]模拟了矿井胶带巷内火灾对风流稳定性的影响,采用Mix-ture多相流对火灾产生的烟气进行了设定,火灾模型中考虑了热辐射和组分传输,分析了发生火灾后胶带巷内纵向截面上混合气体的速度分布情况,然而依然未对横截面上的速度分布规律以及火灾后巷道内风量的动态变化情况进行分析。

国内诸多学者[87-94]对火灾燃烧过程及风流状态的数学模型和计算机程序的研究较多,在原有软件的基础上进行改进,可用于模拟井下火灾期间的风流状态,实时计算井下各巷道内风量等相关参数。

戚宜欣等[95]对矿井火灾时期风流的紊乱规律进行了研究,编写了适用于计算机的矿井火灾期间风流流动程序,通过该程序可以分析火灾对巷道通风系统的影响,对风流浓度和节点状态进行预测,为及时发现灾变、处理灾变提供了有力的科学依据。随后,戚宜欣等[96]又通过数学方法建立了矿井在火灾期间巷道风流流动的数学模型,用 C 语言编制了火灾期间风流流动以及通风系统变化的动态模拟程序,该程序可模拟不同时刻各个巷道的风量变化情况。

傅圣英等[97]对煤矿巷道掘进工作面火灾的风流状态进行了研究,得出了掘进工作面火灾烟气的流动规律。通过分析发现掘进工作面发生火灾后,无论局部通风机是在工作还是关闭,巷道内发生火灾区域的风流流动和烟流流动均处于一定的平衡状态。火灾所生成的烟气在整个巷道空间内具有明显的上下分层现象,其中下层为新鲜风流或者温度较低的烟流,而上层为高温烟流,这时矿井巷道风流流动紊乱。

张兴凯等[98-99]在已有研究的火灾数学模型基础上,结合在火势不断发展期间的矿井风流变化特点,提出了一种用一定的时间步长近似模拟矿井火灾期间系统风流动态变化全部过程的新的数学模型,编制出了矿井发生火灾燃烧过程中风流动态流动的计算机软件。该软件可计算和模拟出火灾发生后不同时刻矿井巷道中风流风速的大小,可用于分析矿井巷道火灾期间的风流变化规律,对于火灾期间矿井巷道风量的动态监测具有指导意义,但是不能对风量进行计算和模拟。随后,张兴凯等[100]实验研究了巷道火灾燃烧过程,研究了巷道火区下风侧的风阻和烟流温度的变化规律,然而在该实验中未对火灾情况下风量沿着巷道的变化情况进行测量和分析。

薛二龙[101]自行编制了矿井火灾模拟软件,该软件用"牛顿法"对火灾期间风流状态相关参数进行解算,可计算出火灾时期在火风压影响下各分支风量的变化,并以某煤矿为例用该软件对火灾过程进行了模拟计算。通过模拟的图形趋势和数据资料,可以看到在火灾情况下风量随时间的变化,当火灾发生在上行风流中,8 min 时风流速度最快、风量最大,并且在 8 min 前主干巷道风量增加,旁侧巷道风量减少,8 min 后主干巷道风量开始减少,旁侧巷道风量开始增加;当火灾发生在下行风流中,模拟结果与上行风流正好相反,主干巷道风量减少,旁侧巷道风量增加。

蒋军成等[102]对矿井竖井内火灾燃烧的特点进行了模拟实验研究,对 5 种不同的固体可燃材料(风筒布、电缆、坑木、煤炭、运输胶带)进行了燃烧实验,分别分析了不同材料燃烧过程中竖井内温度的变化情况。通过实验结果分析发现:在火源的发展阶段和衰减阶段,烟流的温度沿竖井内巷道轴向的变化趋势较为平稳;而在火源的稳定燃烧阶段,烟流的温度随着距火源区距离的增加而下降,且下降梯度逐渐减小。但是未对火灾燃烧期间竖井内风量的动态变化过程进行研究和分析。

周延等[103]对发生火灾时水平巷道中烟流逆流层长度进行了实验研究,该燃烧实验在横断面为 30 cm×30 cm、长为 9 m 的模拟巷道中进行。通过实验所测得的数据研究了无量纲烟流逆流层长度和火源释热率与巷道风速之比的关系,可用公式表达为:

$$L^* = 0.040\ 4\exp(0.0414Q/u) \tag{1-38}$$

然而该实验对燃烧过程中巷道风量的变化未进行研究。

Hu 等[104]在隧道内进行了多次火灾实验,对烟流温度在隧道顶部的分布规律进行了研究。对实验数据分析显示:当隧道中发生火灾时,上风流层出现了明显的节流效应,在隧道顶部上风流层的温度高于下风流层的温度,并且随着隧道距离的增加,烟流温度出现明显的下降并且下降速度较快。同时,通过分析还发现,当通风速度增加很小幅度时,上层烟流的温度和速度都会发生大幅度的降低。但是该研究未对火灾期间隧道截面的平均风速进行分析。

李跃军等[105]模拟了隧道火灾对隧道内不同时刻的风速、压力以及温度的空间分布的影响。该模拟选用了 PHOENICS 程序,根据动量守恒、能量守恒、质量守恒以及化学反应的定律建立偏微分方程来求解火灾工况下的相关参数的变化。根据模拟结果,对隧道横截面上的速度矢量以及沿着隧道纵向的烟气浓度和压力变化进行了分析。然而该模拟未分析横截面上的速度分布以及火灾情况下的隧道风量变化。

Wang 等[106]在顶部开放的隧道内进行了火灾实验,研究烟流对隧道结构以及对人体的影响。研究发现,在顶部开放的隧道内,当发生火灾时,最大的烟流温度始终低于 100 ℃,并且火灾之后的烟流中的颗粒将在 10 min 后开始下沉,因此在这之前烟气不会对人身安全造成威胁。但是该研究未分析火灾之后隧道内风量的变化。

上述学者对火灾时期的风流状态研究较多,主要是火灾数学模型的建立以及软件分析、预测风流的状态。通过模拟方法对井下通风网络中各个分支风量进行计算,对火灾理论以及实验的研究多是集中在风流紊乱现象方面,如对烟流滚退、节流效应、烟流温度的变化及逆流层长度进行分析,极少有对火灾期间的风速的分布规律、风量的动态变化进行研究。因此,对火灾时期巷道截面上风速的分布规律、风量的动态变化特点进行研究,对于及时发现灾情、提出防治措施非常有意义。

1.4 矿井巷道风量动态监测

黄光球等[107]根据通风系统中回路阻力平衡关系和节点风流平衡关系对矿井风网中各分支之间的制约关系进行分析,提出了当某分支风阻、阻力发生变化时,其他分支的风量对此变化所作出反应的分析模型,并且提出了当分支风阻或阻力变化时,分支风量变化对其他巷道风阻或阻力变化的反应敏感指数,其表达式为:

$$\xi_j = \frac{\Delta Q_j / Q_j}{\Delta R_m / R_m} \tag{1-39}$$

韩向宾等[108]介绍了一款测量风硐内风量风压的智能监测仪器,该仪器可实现对主通风机运行状况的动态监测,通过对风硐内风量风压的采集信息进行数字化的显示和远距离的传输来实现远程监控的目的。该仪器的工作原理如图 1-1 所示。

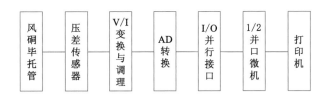

图 1-1 风量风压监测仪工作原理示意图

将风硐毕托管测得的数据进行一系列的处理，然后转换成风硐的风量值。然而由于风硐毕托管测得的并不是截面上的平均风速，虽然用风量校正系数对风量值进行了转换，该仪器所测的风量值与风硐的真实值仍然存在一定的误差。

陈成芝等[109]介绍了一种自行开发的矿井内在线监测风硐内风量风压的监测技术。该技术将风量监测仪接入矿井内的安全监控网络系统中，风量（或风压）传感器接收到的物理信号经过一系列的转换传输到地面计算机，经过数学运算得出风量值，进而实现矿井总回风量的实时监测。然而该技术主要是针对矿井通风机运转情况进行监测，未提及其在回风巷道的应用。风量在线监测原理图如图 1-2 所示。

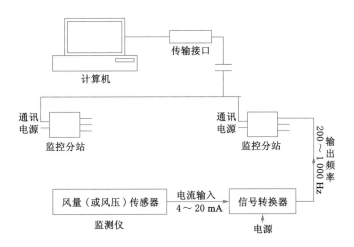

图 1-2 风量在线监测原理图

刘伟伟等[110]提出了一种以嵌入式 Linux 操作系统和 S3C2440 为硬件平

台的矿井通风机在线监测系统新的设计方案。该方案可以实现对主通风机风量的实时在线监测,然而未提及其他回风巷道内的风量监测问题。

高金成等[111]介绍了井下通风系统的在线监测及远程控制系统,该系统可对生产现场的风量以及巷道内的风量进行监测和控制,并且可对某些风机进行远程监控。该系统可以有效减少井下通风工作人员的劳动强度,然而存在易受到井下恶劣工作条件影响的缺点。图 1-3 为该系统的远程交换与控制图。

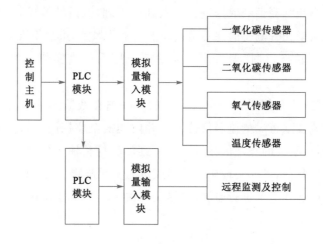

图 1-3　远程交换与控制图

何书建等[112]、严俭祝等[113]和魏东光等[114]对矿用风硐、风井内测量风量的智能监测仪进行了研究。该种仪器均是集传感技术、软件技术和计算机硬件技术为一体,通过将毕托管所测得的压力信号经过一系列的转换完成风量在线数据收集,并且在风量的计算软件中输入风量校正系数 K,其表达式为:

$$K = K'S \sqrt{h_{\mathrm{fs}}/8\rho} \tag{1-40}$$

华大龙[115]对矿井用风量监测仪的关键技术进行了研究,提出了以单片机 AT89S52 为核心,能够外接多种输出类型传感器(0～5 V 电压、4～20 mA 电流、200～1 000 Hz 频率),并且可自适应地进行信号采集的风量风压监控设计方案。在该方案中对风量的监测通过风量传感器来实现,但未对风量传感器的精度以及原理进行具体说明。

关于煤矿通风机风量的在线连续监测原理和方法亦有许多学者进行研究[116-120]。通过传感器对风机工作状态的相关信号进行采集,经过网络传输以及软件处理,最终在监控主机上实现风机风量以及运行状况的实时监测。

高婷等[121]对矿井风硐内所用的风量风压在线监测仪进行了研制,该仪器与以往的监测仪器有所不同,在风量计算方面是通过测定两个近距离断面的静压差来计算风量,并且通过单片机 C 语言汇编至软件中。风量计算公式如下:

$$Q = S_1 S_2 \sqrt{2(P_1 - P_2)/\rho(S_1^2 - S_2^2)} \tag{1-41}$$

在数据采集与数据处理方面运用了循环采集数据和加权取平均值的思路,提高了测量数据的准确性。

杜辉[122]开发了基于 CAN 总线的井下通风监测系统,对于巷道风量的测定采用的是横截面上多方位用 HONTZSCH-FA 叶片式流量变送器来测量点的速度,然后取平均值进行风量的计算,并且该系统能够实现几十个甚至上百个不同节点的监测,可大大节约成本。但是由于该系统在风量数据采集中是通过在截面不同位置上测 5 个点取风速平均值来进行风量的计算,其测量精度有待进一步提高。该系统框架图如图 1-4 所示。

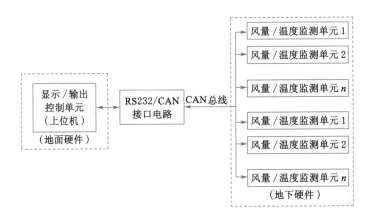

图 1-4　系统整体结构框架

周以福[123]介绍了隧道内使用的直接显示风机风量、压力的风机监测仪。该监测仪可反映风机的工作状态,其原理是通过在风机进风口处安置微压传感器,将所测得的数据经过信号变换以及 A/D 转换传入计算机,并通过公式换算得出风机风量值。在计算机中输入风量的下限值和上限值,当测得的风量值超出其范围时,该监测仪便发出报警。风机监测仪工作过程如图 1-5 所示。

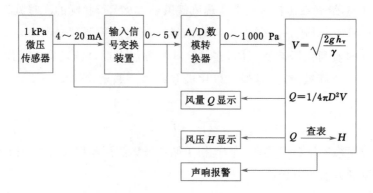

图 1-5　风机监测仪工作过程

　　目前对矿井内风量监测的研究主要集中在对矿用通风机出口风量的监测上,而对巷道内风量的动态监测的研究较少,并且在已有风量监测的研究和应用中,对巷道截面平均风速的测定以及巷道风量的算法存在一定的误差和不足。因此,对矿井回风巷道内风量监测进行动态研究,提出比较精确的风量动态监测方法是非常有必要的。

2　规则截面巷道"特征环"和"关键环"分布规律

本章介绍了井下的风流状态及目前的测风方法,建立了不同形状规则截面巷道的物理模型,搭建了同尺寸的小型巷道通风系统,提出了"特征环"和"关键环"的概念,并对数值模拟的数学计算方法进行了实验验证,同时定量分析了不同形状规则截面巷道内紊流充分发展截面上"关键环"的分布规律。

2.1　概述

我国矿产资源丰富,矿山众多,井下事故的发生频率也较高,并且多数井下瓦斯爆炸、有毒有害气体中毒窒息事故是由矿井通风不良引起的,因此,对井下巷道内平均风速以及风量的准确测量在矿山安全生产中尤为重要。然而,目前对井下巷道内风速分布规律的研究多集中在圆形截面巷道,对其他形状截面巷道内风速分布规律,特别是截面上平均风速的分布规律研究较少,而井下多数巷道为非圆形截面巷道。因此,有必要建立与井下截面形状相类似的规则截面的小型水平大巷的通风系统,并结合流体力学的动力相似性,开展矿井内巷道正常通风的数值模拟研究。另外,为了考察数值模拟研究的准确性,建立了小型水平大巷通风实验系统对数值模拟的物理模型以及数学计算方法进行验证,为下一步在实际巷道中研究不规则截面以及火灾情况下的风流分布规律奠定基础。同时提出了"特征环"和"关键环"两个新的概念。

2.2　井下风流流动状态

矿井巷道内风流属于连续介质,通常情况下把矿井内风流视为稳定的流体。风流的流动状态有两种形式:层流和紊流。层流是指当风流流动时,流体质点之间互不混杂,质点流动的轨迹为基本平行于管道轴线方向的直线或者有规则的平滑曲线的风流状态。紊流是指当风流流动时,流体质点的运动速度在方向和大小上都随着时间不断地发生变化,质点之间相互掺杂,质点流动的轨迹没有规律性,并且在流动过程中存在着时而产生、时而消失的漩涡。

1883 年英国物理学家雷诺首次通过实验证实了黏性流体存在层流和湍流两种流动状态,发现在圆形管道中流体的流动状态与流体的运动黏性系数 ν、流体的平均流动速度 v 和管道直径 d 有关。对黏性流体的流动状态进行判断时,可用一个无量纲数即雷诺数 Re 表示,即

$$Re=\frac{vd}{\nu} \tag{2-1}$$

式中,v 为管道中流体的平均流动速度,m/s;d 为圆形管道的直径,m;ν 为流体的运动黏性系数,对井巷风流一般取平均值 $\nu=14.4\times10^{-6}$ m²/s(ν 的大小与流体的压力、温度有关)。

对于非圆形巷道内风流的雷诺数可表示为:

$$Re=\frac{4vS}{\nu U} \tag{2-2}$$

式中,S 为井巷断面的面积,m²;U 为井巷断面的周长,m。

雷诺实验是让水在一个透明的水平圆管内流动,同时向管中添加与水的密度接近的着色液体进行实验现象的观察。在小流量时,即 Re 小于临界雷诺数时,着色液体在水流中保持为直线,沿着圆管轴线平行流动,这说明管内流体以不同的速度作层状流动,垂直于流动方向不存在流体团的相互交换,称这种流动状态为层流。当圆管内流速增加使 Re 大于临界雷诺数后,着色液体出现强烈的不规则横向运动,流线发生断裂,掺混在很多小漩涡中,随机地扩散到整个管子截面(见图 2-1),这就是湍流,其特征是高度不规则的随机脉动叠加在规则的主流运动之上。

根据前人对水流所做的实验可知,水流在不同粗糙度壁面、平直的圆管内流动,当 $Re \leqslant 2\ 320$ 时,水流呈层流状态;约 $Re>2\ 320$ 时,水流开始向湍流过渡,所以把 2 320 称作临界雷诺数;当 $Re \geqslant 100\ 000$ 时,水流呈现出完全湍流状态。将以上水流在不同状态下的雷诺数值近似地应用于风流中,便可大致估算出风流在各种流态下的平均风速。例如:某巷道断面面积 $S=2.46$ m²,周长 $U=6.71$ m,风流的运动黏性系数 $\nu=14.4\times10^{-6}$ m²/s,利用公式(2-2)可估算出巷道内风流从层流向紊流过渡的平均风速约为:

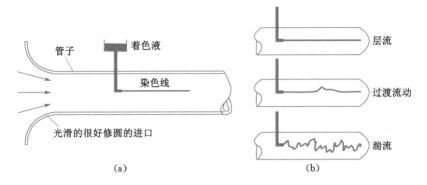

图 2-1 雷诺实验

$$v=\frac{ReU\nu}{4S}=\frac{2\,320\times6.71\times14.4\times10^{-6}}{4\times2.46}=0.023\,(\mathrm{m/s})$$

由于井下巷道中最低风速在 0.15～0.25 m/s 以上,而且矿井中大多数巷道的截面面积都大于 2.46 m²,所以井下大多数巷道的风流不会出现层流,只有风速很小的漏风风流才可能出现层流。在以上例子中,当 $Re=100\,000$ 时,巷道内风流呈现完全紊流的平均速度约为:

$$v=\frac{ReU\nu}{4S}=\frac{100\,000\times6.71\times14.4\times10^{-6}}{4\times2.46}=0.98\,(\mathrm{m/s})$$

由于井下巷道中风流的风速多数在 0.98 m/s 以上,所以井下风流多数是完全紊流,只有很少一部分风流可能处于向完全紊流过渡的状态。

2.3 圆管中的定常湍流

流体在光滑圆管中做充分发展的湍流流动的特点为:① 平均速度场是定常平行流;② 除压强外,一切平均量只和圆管中径向坐标有关。圆管中湍流流动的速度分布如图 2-2 所示。

根据理论推导以及大量的实验研究,在紧贴管道壁面处的湍流脉动很小,其速度分布与层流情况一样,属于线性分布;而趋向管道的中心位置,湍流越来越明显,流动速度也在逐渐增大。由图 2-2 可以看出圆管横截面垂线上的速度分布,由于圆管具有轴对称性,因此在横截面上速度分布的等值线图为封闭的圆环。推及其他形状的截面,在湍流充分发展的区域内,横截面上速度分布的等值线图亦为封闭的环状。对于以上推论,下面将通过实验进行验证。

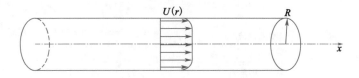

图 2-2 圆管中湍流流动的速度分布

2.4 井下巷道内风速与风量测量方法概述

2.4.1 人工测量法

（1）测量方法

人工测量法是井下传统的测量方法。当空气在巷道内流动时，风速在巷道横截面上的分布是不均匀的（见图 2-2），为了准确地测定巷道的平均风速，通常采用的测风方法是移动法和分格定点法。

① 移动法

移动法也称为线路法，指将风表沿着巷道中预先设置的路线均匀地移动，1 min 内走完全部路程测量风速的方法。根据巷道截面积的大小，风表移动的线路有多种形式，见图 2-3(a)、(b)、(c)。

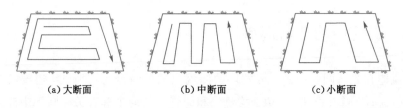

(a) 大断面　　　　　　　　(b) 中断面　　　　　　　　(c) 小断面

图 2-3 风表移动线路

② 分格定点法

分格定点法是指将整个巷道截面划分为若干大致相等的方格，使风表在每格内停留相等的时间，1 min 内测定全部方格风速的方法。图 2-4 所示为 9 点法，另外还有 3 点法等。

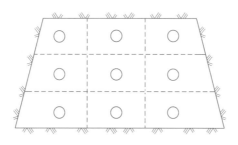

图 2-4 分格定点法测风速

在井下测量风速时,按照测风员的工作姿态,即测风员和巷道风流的相对位置关系划分,测风方法还可分为侧身法和迎面法。

① 侧身法

侧身法是测风员手持风表背向巷道壁面站立,将手臂伸直并垂直风流方向进行测风的方法。采用侧身法测风时,由于测风员和风表在同一断面内,减少了通风断面,增大了风速(风表显示的风速值比实际的大),所以需要对测量结果进行校正,其校正系数 $K_风$ 为:

$$K_风 = \frac{S-0.4}{S} \tag{2-3}$$

式中,S 为测风站(巷道)的断面积,m^2;0.4 为测风员阻挡风流的面积,m^2。

② 迎面法

测风员手持风表面向风流方向站立,将手臂向正前方伸直进行测风的方法,称为迎面法。采用迎面法测风时,由于测风员站立于巷道中间,阻挡了风流,降低了风表处测点的风速,因此需要将所测得的风速值乘以校正系数1.14,才能消除测风时人体对风速的影响,从而得到实际的风速值。

(2)巷道截面平均风速和通过巷道风量的计算

井下测风时,若使用机械式的测风仪表,则需在测风之前将风表指针回零,并在测量过程中保证风表与风流的方向垂直;当风表叶轮转动正常之后,同时打开秒表和风表计数器开关,并在 1 min 内走完全部预订线路或测完全部方格;然后同时关闭秒表和风表,读取风表指针读数。为了保证测量的准确性,一般在同一地点测风速次数不应少于 3 次;当 3 次测量结果之间的误差不超过 5% 时,取 3 次的平均值作为测量结果,并按下式计算风表所测得风速:

$$v_表 = \frac{N}{t} \tag{2-4}$$

式中,$v_表$ 为风表测得的风速,m/s;N 为风表上刻度盘的读数,m;t 为测风时间,一般为 1 min。

真风速的大小是根据风表测得的速度来确定的,具体的确定方法如下:

① 根据 $v_表$ 的大小,从风表校正曲线图上求 $v_真$。

② 根据风表校正曲线方程计算 $v_真$,即

$$v_真 = A v_表 + B$$

式中,$v_真$ 为实际的风速,简称真风速,m/s;A 为校正常数,取决于风表的构造尺寸;B 为表明风表启动初速度的常数,取决于风表的惯性和摩擦力。

巷道中的平均风速按下式计算:

$$v_均 = K_风 \, v_真 \tag{2-5}$$

式中,$v_均$ 为巷道中的平均风速,m/s;$K_风$ 为校正系数,采用侧身法时 $K_风 = \dfrac{S-0.4}{S}$,采用迎面法时 $K_风 = 1.14$。

根据以上计算过程求平均风速的过程可归纳为:

$$v_表 \xrightarrow[\text{风表维修质量的影响}]{\text{消除风表本身结构以及}} v_真 \xrightarrow[\text{风速的影响}]{\text{消除测风员对}} v_均$$

通过巷道的风量按下式计算:

$$Q = S \, v_均 \tag{2-6}$$

式中,Q 为通过巷道的风量,m^3/s;S 为测风站断面面积(或巷道的净断面面积),m^2。

2.4.2 在线监测法

近年来,随着传感技术和传输技术的发展,国内煤矿与非煤矿企业陆续实施了风速在线监测工程。通风系统在线监测是通过使用风速传感器、传感基站、电缆、光缆、监测监控软件等相关设备来实现井下风速、风量以及风机开停的实时在线监测。风速、风量的在线监测可以避免人工下井进行风速测量,节省了人力资源,提高了安全性。

风速传感器的布置一般按如下原则进行[124]:

① 采区回风巷、一翼回风巷、总回风巷的测风站应设置风速传感器。

② 风速传感器应设置在巷道前后 10 m 内无分支风流、无拐弯、无障碍、断面无变化、能准确计算风量的地点。

③ 当风速低于或超过《煤矿安全规程》的规定值时,应发出声光报警信号。

井下的通风监测系统示意图如图 2-5 所示。从图中可以看出,风速传感器、风压传感器以及风机开停传感器所测得的数据通过井下光缆分别传输给传感基站、基站、环网交换机及地面的核心交换机最终到达监测监控平台实现风速、风量、风压以及风机开停的实时在线监测;同时井下传感器以及地面监测监控软件均可以进行预警设置,当出现异常情况时便同时发出声光报警信号。风速、风量的在线监测系统可以有效地提高矿山的抗灾能力,目前在国内的大部分矿山被推广应用。

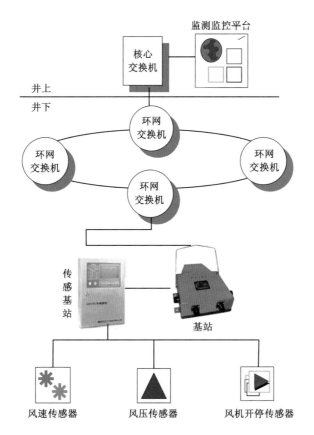

图 2-5 通风监测系统示意图

综上所述,井下风速的传统人工测量方法中,由于存在人的主观性,并且人的身体会影响风流的分布,因此很难准确地测量巷道断面上的平均风速,加之井下空气环境恶劣,在有些巷道,特别是回风巷道很难实现人工测量;而通风监测系统可以避免人工测量的弊端,减少人力、物力的消耗,并且当风速值超出预警范围后,可以实现井下和井上同时报警,及时发现问题、采取措施。但是目前的风速传感器的测量精度有限,并且矿井所用传感器往往只能测其放置点的风速,而巷道断面上的风速分布是不均匀的,因而所测风速值不能代表整个截面的平均风速,即通风监测系统的数据有一定的误差性。因此,对巷道截面风流流场分布的实验研究和数值模拟研究是非常有必要的。

2.5　小型巷道通风数值模拟

巷道通风主要是为了稀释巷道内的有毒有害气体以及煤尘,其物理过程可以简单描述为新鲜风流沿着巷道向前运移及扩散的过程,并且在主要水平大巷内,风流的速度比较小,强烈的涡流并不存在,数值模拟的方法可较准确地模拟其物理过程。

由前述可知,矿井井下的风流状态均为紊流,在建立巷道物理模型时,相关参数的选取要保证与实际巷道类似。根据井下的实际情况,分别选择了与井下实际巷道具有一定相似性的正方形、梯形、三心拱形 3 种不同截面的巷道模型,同时选择了圆形截面以便于进行理论推导和计算。考虑到后文中要用实验手段对该模拟方法的准确性进行验证,模型的截面尺寸以煤矿井下的实际巷道尺寸为基准进行等比例的缩小,保证其截面面积均为 0.04 m^2。4 种巷道截面尺寸如图 2-6 所示。

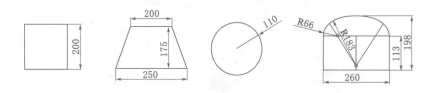

图 2-6　巷道截面尺寸图

4 种截面的面积均为 0.04 m^2,其物理模型尺寸如图 2-7 所示。

根据流体力学中水力直径的计算公式,分别计算出正方形、梯形、圆形、三心拱形截面的水力直径 d。水力直径计算公式如下:

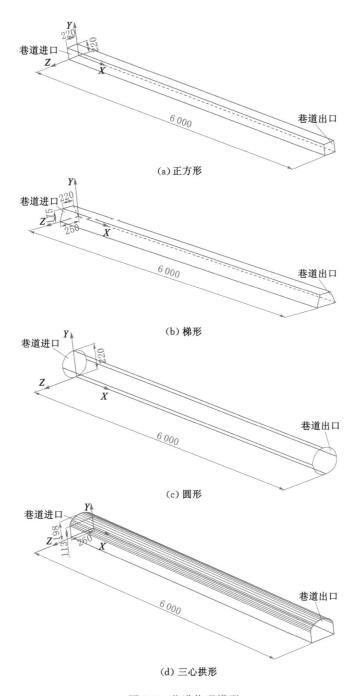

(a) 正方形

(b) 梯形

(c) 圆形

(d) 三心拱形

图 2-7　巷道物理模型

$$d = \frac{4S}{U} \tag{2-7}$$

式中,S 为巷道截面面积,m^2;U 为巷道截面周长,m。

根据紊流的充分发展理论,分别计算出 4 种截面的巷道风流紊流充分发展的长度。紊流充分发展的长度 L_e 计算公式如下:

$$L_e = 25d \tag{2-8}$$

式中,d 为巷道截面水力直径,m。

正方形、梯形、圆形、三心拱形截面的水力直径 d 和巷道模型风流紊流充分发展的长度 L_e 的值见表 2-1。

表 2-1   4 种截面巷道模型的水力直径和紊流充分发展长度

截面形状	正方形	梯形	圆形	三心拱
水力直径 d/mm	200	196	220	195
紊流充分发展长度 L_e/m	5	4.9	5.5	4.886

以三心拱形截面为例,其水力直径为 0.195 m,巷道内温度为 15°,风流的运动黏性系数 $\nu = 14.4 \times 10^{-6}$ m^2/s,选取最低风速 $v = 0.25$ m/s,则巷道内风流雷诺数为:

$$Re = \frac{vd}{\nu} = \frac{0.25 \times 0.195}{14.4 \times 10^{-6}} = 3\ 385.417 > 2\ 320$$

因此,在风速的选择上保证了以上 4 种巷道模型内的风流均为紊流状态,与井下实际的通风状态相似。

为了在紊流充分发展段对风速进行分析,本次数值模拟对 4 种截面巷道在巷道长度为 5.6 m 处进行截面风流分布的分析。4 种巷道的物理模型如图 2-7 所示,模拟巷道内平均风速分别为 0.25 m/s、1 m/s、2 m/s、3 m/s、4 m/s、5 m/s、6 m/s 工况下的风速分布规律。

采用标准 κ-ε 方程计算流体的湍流流动及扩散。在计算中还采用了一定的假设:空气为不可压缩;巷道壁面绝热,没有质量通量和热通量通过;壁面无滑移条件假定,壁面上速度为零;巷道内无工作人员和运输车辆等障碍物,且忽略炮烟和煤尘的影响。边界条件设置为:巷道进口采用速度进口边界条件,巷道出口采用压力出口边界条件。具体的模拟参数设定为:巷道进口处的速度分别为 0.25 m/s、1 m/s、2 m/s、3 m/s、4 m/s、5 m/s、6 m/s,巷道出口处的相对压力为 0 Pa。由此模拟计算了风速分别为 0.25 m/s、1 m/s、2 m/s、3 m/s、4 m/s、5 m/s、6 m/s 工况下风速在紊流充分发展段巷道截面上的分布规律。

2.6 小型通风实验系统验证

在对数值模拟的不同形状截面巷道风流分布进行分析之前,需要对模拟手段的准确性和稳定性进行验证。本节介绍的实验验证工作是基于实验室所搭建的与数值模拟尺寸相同的小型巷道通风实验系统完成的,该系统主要用于对数值模拟的不同形状截面巷道风流分布计算的准确性进行检验。

2.6.1 小型巷道通风实验系统设计

(1)实验系统概况

在保证不漏风的前提下,作者自行设计了简单的、风速可调的、在风流稳定段(紊流充分发展段)可测试多点风速(不同位置布置毕托管)的井下水平大巷通风实验系统,如图 2-8 所示。该系统与井下的实际通风情况有一定的相似性,巷道截面尺寸及其选取与前述数值模拟的模型相一致。

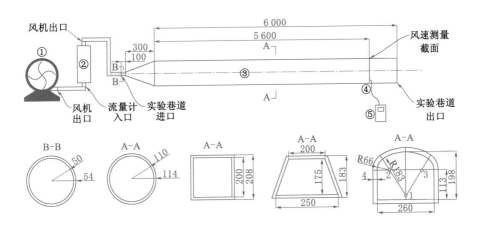

①—风机;②—涡街流量计;③—实验巷道;④—毕托管;⑤—数字微压计。

图 2-8 小型水平大巷通风示意图

由于在紊流充分发展段对风速进行测量,因此与前述模拟结果分析截面相一致,本实验对 4 种截面巷道均在巷道长度为 5.6 m 处进行截面风速的测量。如图 2-8 所示,新鲜风流由风机送入,经过流量计的控制进入实验巷道内,并由实验巷道出口排出,从而模拟井下水平大巷内的风流运动及分布情况。

实验设备主要有:

① 低噪声离心式鼓风机,型号为 DIF-2,最大风量为 860 m³/min,额定功率为 550 W,主要用于向巷道模型内供风。如图 2-9 所示。

图 2-9　风机

② 风量调节阀,主要用于调节风机供风量的大小,保证流入巷道模型内的风量达到实验设计的要求。如图 2-10 所示。

图 2-10　风量调节阀

③ 涡街流量计,型号为 LUGB/E,公称直径为 DN100,测量范围为 133~1 700 m³/h,主要用于测量进入巷道模型内空气的流量。如图 2-11 所示。

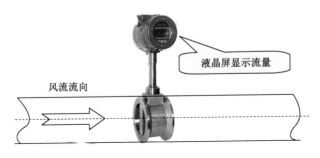

图 2-11　涡街流量计

④ 巷道模型,由树脂玻璃制作,长度为 6 m,截面形状分别为正方形、梯形、三心拱形、圆形 4 种,截面面积均为 0.04 m²。如图 2-12 所示。

（a）正方形　　　　　　　　　　（b）梯形

图 2-12　巷道模型

(c) 三心拱形　　　　　　　　　　　　(d) 圆形

图 2-12（续）

　　⑤ 手持式电子微压计,美国 HYDROHANN 品牌,型号为 TT570,测量压力范围为 ±7.5 kPa,风速范围为 1.3～99.9 m/s,操作温度为 0～＋50 ℃(32～123 ℉),其中毕托管选用 L 形,其直径为 4 mm。如图 2-13 所示。

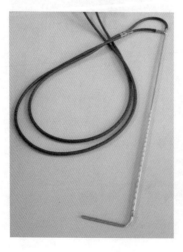

图 2-13　手持式电子微压计

（2）实验方案及实验工况

本实验均在紊流状态下进行风速测量。根据《煤矿安全规程》[125]的规定，井下巷道内风速范围为 0.15～8 m/s，其中通风行人巷无最高风速的规定。因此，在本实验中分别选用 2 m/s、3 m/s、4 m/s、5 m/s 4 种不同的通风风速工况对巷道模型风流稳定段截面风速进行测量，则风量大小分别为 0.08 m³/s、0.12 m³/s、0.16 m³/s、0.2 m³/s。根据式（2-2）计算，4 种巷道模型内风流的 $Re > 12\,000$，故风流流动状态为紊流，与井下巷道内风流运动情况具有相似性。

本实验的目的是通过测量规则形状截面上不同位置的风速值，并结合流体力学及矿井通风相关理论知识，分析规则截面巷道风速的分布规律以及巷道平均风速和截面参数之间的关系，通过归一无量纲化方法拟合成平均风速的表达式。因此，本实验共设计 4 种截面形状巷道在 4 种风速下的实验工况。

① 正方形截面巷道风速的测量。调节风量调节阀，使通过流量计的风量分别为 0.08 m³/s、0.12 m³/s、0.16 m³/s、0.2 m³/s，即平均风速分别为 2 m/s、3 m/s、4 m/s、5 m/s，用数字微压计分别测量在 4 种平均风速条件下巷道 5.6 m 处截面上的风速值。在正方形截面上选取若干个面积相等的方格，在每个方格的中心测量各个点的风速，分析比较正方形截面上不同位置风速值的变化，并与平均风速值进行比较，找出平均风速值在截面上的点或者区域。实验中通过正方形截面一条侧边的 20 个等间距的小孔来实现风速的测量，测试点如图 2-14 所示。

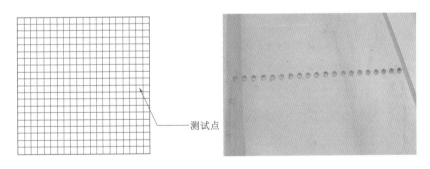

测试点

图 2-14　正方形截面测试点示意图

② 梯形截面巷道风速的测量。调节风量调节阀，使通过流量计的风量分别为 0.08 m³/s、0.12 m³/s、0.16 m³/s、0.2 m³/s，即平均风速分别为 2 m/s、

3 m/s、4 m/s、5 m/s,用数字微压计分别测量在 4 种平均风速条件下巷道
5.6 m 处截面上的风速值。在梯形截面上选取若干个面积相等的方格,在每个
方格的中心测量各个点的风速,分析比较梯形截面上不同位置风速值的变化,
并与平均风速值进行比较,找出平均风速值在截面上的点或者区域。测试点如
图 2-15 所示。

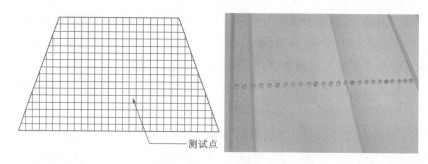

图 2-15 梯形截面测试点示意图

③ 三心拱形截面巷道风速的测量。调节风量调节阀,使通过流量计的风
量分别为 0.08 m³/s、0.12 m³/s、0.16 m³/s、0.2 m³/s,即平均风速分别为
2 m/s、3 m/s、4 m/s、5 m/s,用数字微压计分别测量在 4 种平均风速条件下巷
道 5.6 m 处截面上的风速值。在三心拱形截面上选取若干个面积相等的方格,
在每个方格的中心测量各个点的风速,分析比较三心拱形截面上不同位置风速
值的变化,并与平均风速值进行比较,找出平均风速值在截面上的点或者区域。
测试点如图 2-16 所示。

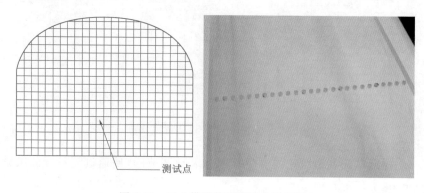

图 2-16 三心拱形截面测试点示意图

④ 圆形截面巷道风速的测量。调节风量调节阀,使通过流量计的风量分别为 0.08 m³/s、0.12 m³/s、0.16 m³/s、0.2 m³/s,即平均风速分别为 2 m/s、3 m/s、4 m/s、5 m/s,用数字微压计分别测量在 4 种平均风速条件下巷道 5.6 m 处截面上的风速值。在圆形截面上选取若干个面积相等的方格,在每个方格的中心测量各个点的风速,分析比较圆形截面上不同位置风速值的变化,并与平均风速值进行比较,找出平均风速值在截面上的点或者区域,并且分析平均风速与截面上各点风速值之间的数学关系。测试点如图 2-17 所示。

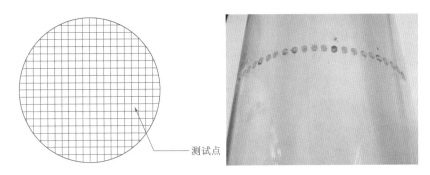

图 2-17 圆形截面测试点示意图

2.6.2 实验结果分析及对比验证

根据所搭建的小型通风实验平台,对实验所测得的正方形、梯形、三心拱形以及圆形巷道的紊流充分发展处($x=5.6$ m)横截面上的风速分布实验数据进行分析,并与前述相同尺寸巷道模型的通风数值模拟结果进行比较。为了保证实验与模拟的一致性,均在 $x=5.6$ m 横截面处对风速分布规律的实验值与模拟值进行对比验证。

(1) 正方形截面巷道风速分布及平均风速分布规律分析

在通风风速为 2 m/s、3 m/s、4 m/s、5 m/s 工况下,正方形截面巷道内紊流充分发展处($x=5.6$ m)横截面上风速分布的等值线图如图 2-18 所示。

由图 2-18 可以看出,正方形巷道截面上风速分布的等值线图为封闭的环状,但是每一个环形均有小尺度的波动,这可能因为:一是人工测量的误差;二是尺寸效应,真实巷道的尺寸较大,而实验模型尺寸较小,大约只为真实巷道尺寸的 0.056 5 左右。但是整体来说,风速分布的等值线图为近似正方形的环状,说明截面上风速的等值线分布曲线与截面形状有关。风速值在巷道中心部

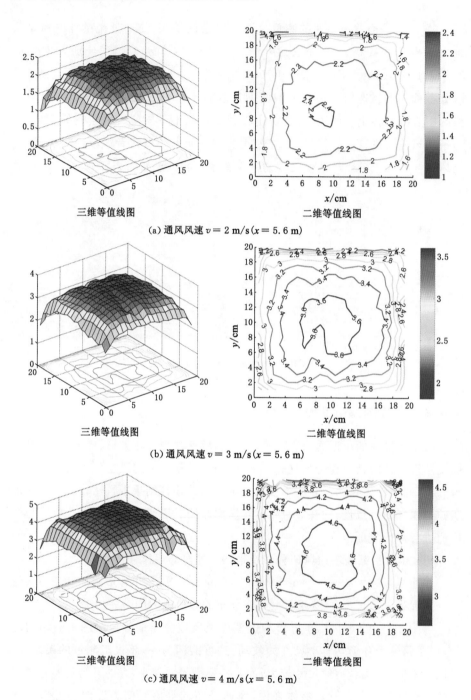

图 2-18 正方形巷道在不同风速下紊流充分发展处截面上速度分布等值线图

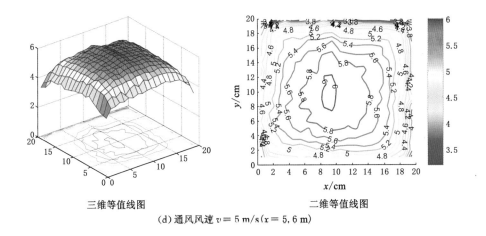

三维等值线图　　　　　　　　二维等值线图

(d) 通风风速 $v = 5\,\text{m/s}(x = 5.6\,\text{m})$

图 2-18（续）

位最大,由中心向边壁逐渐减小。在不同风速下,平均风速的分布区域均在靠近巷道边壁的位置,并且在大于平均风速值的环状区域风速值比较稳定,而在小于平均风速值的环状区域,越靠近边壁风速值降低越快,说明风速的分布在靠近边壁时受到的影响较大。不同风速的平均风速等值线图的分布区域较一致,离边壁的垂直距离与边长的比大致为 0.1。

（2）梯形截面巷道风速分布及平均风速分布规律分析

在通风风速为 2 m/s、3 m/s、4 m/s、5 m/s 工况下,梯形截面巷道内紊流充分发展处（$x=5.6$ m）横截面上风速分布的等值线图如图 2-19 所示。

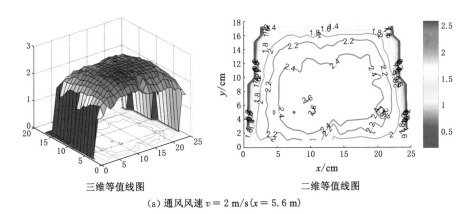

三维等值线图　　　　　　　　二维等值线图

(a) 通风风速 $v = 2\,\text{m/s}(x = 5.6\,\text{m})$

图 2-19　梯形巷道在不同风速下紊流充分发展处截面上速度分布等值线图

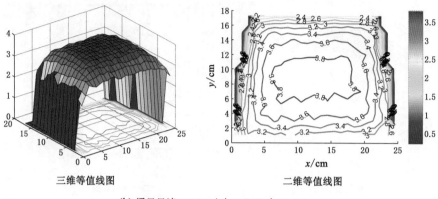

三维等值线图　　　　　　　　二维等值线图

(b) 通风风速 $v = 3\ \text{m/s}(x = 5.6\ \text{m})$

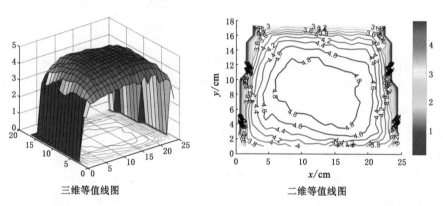

三维等值线图　　　　　　　　二维等值线图

(c) 通风风速 $v = 4\ \text{m/s}(x = 5.6\ \text{m})$

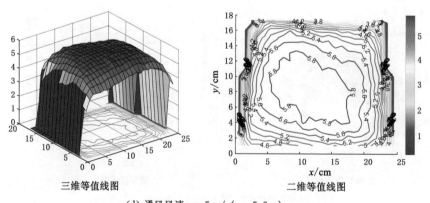

三维等值线图　　　　　　　　二维等值线图

(d) 通风风速 $v = 5\ \text{m/s}(x = 5.6\ \text{m})$

图 2-19（续）

从图 2-19 中可以看出,梯形截面与正方形截面上的风速分布有着相似的规律。梯形截面上风速分布的等值线图大致为与梯形相似的环状,等值线环的分布是由梯形巷道的中心部位向着边壁等比例扩大,并且风速由中心的最大速度向着边壁越来越小。每一个环形均有小尺度的波动,同样可以用人工误差和尺寸效应来解释。与平均风速值相等的环状区域分布在靠近巷道边壁的位置,在大于平均风速值的环状区域风速值比较稳定,而在小于平均风速值的环状区域,越靠近边壁风速值降低越快。

(3) 三心拱形截面巷道风速分布及平均风速分布规律分析

在通风风速为 2 m/s、3 m/s、4 m/s、5 m/s 工况下,三心拱形截面巷道内紊流充分发展处($x=5.6$ m)横截面上风速分布的等值线图如图 2-20 所示。

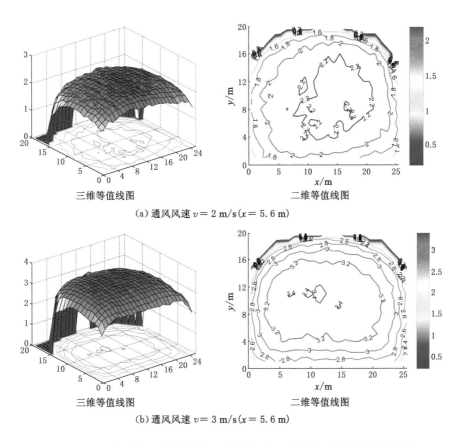

(a) 通风风速 $v=2$ m/s($x=5.6$ m)

(b) 通风风速 $v=3$ m/s($x=5.6$ m)

图 2-20 三心拱巷道在不同风速下紊流充分发展处截面上速度分布等值线图

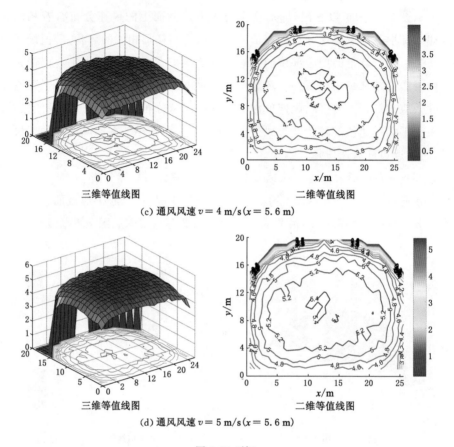

三维等值线图　　　　　　二维等值线图

(c) 通风风速 $v = 4$ m/s $(x = 5.6$ m$)$

三维等值线图　　　　　　二维等值线图

(d) 通风风速 $v = 5$ m/s $(x = 5.6$ m$)$

图 2-20（续）

从图 2-20 可以看出，三心拱形截面与以上 2 种截面上的风速分布均有着相似的规律。三心拱形截面上风速分布的等值线图为与三心拱形相似的环状，等值线环的分布可以认为是由三心拱形巷道的中心部位向着边壁等比例扩大，并且风速由中心的最大速度向着边壁越来越小。同样，与平均风速值相等的环状区域分布在靠近巷道边壁的位置，在大于平均风速值的环状区域风速值比较稳定，而在小于平均风速值的环状区域，越靠近边壁风速值降低越快。

（4）圆形截面巷道风速分布及平均风速分布规律分析

在通风风速为 2 m/s、3 m/s、4 m/s、5 m/s 工况下，圆形截面巷道内紊流充分发展处（$x = 5.6$ m）横截面上风速分布的等值线图如图 2-21 所示。

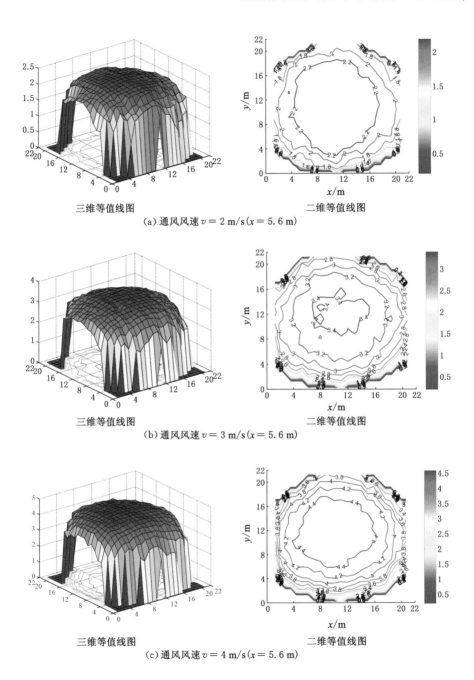

三维等值线图　　　　　　　　二维等值线图

（a）通风风速 $v = 2$ m/s（$x = 5.6$ m）

三维等值线图　　　　　　　　二维等值线图

（b）通风风速 $v = 3$ m/s（$x = 5.6$ m）

三维等值线图　　　　　　　　二维等值线图

（c）通风风速 $v = 4$ m/s（$x = 5.6$ m）

图 2-21　圆形巷道在不同风速下紊流充分发展处截面上速度分布等值线图

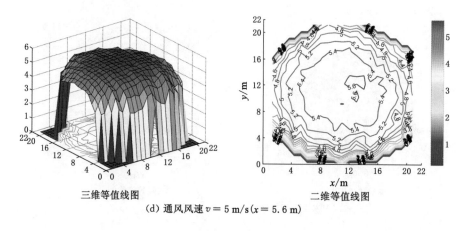

三维等值线图　　　　　　　二维等值线图
(d) 通风风速 $v = 5\,\text{m/s}(x = 5.6\,\text{m})$

图 2-21（续）

　　由图 2-21 可以看出,圆形截面与以上 3 种截面上的风速分布均有着相似的规律,不同的是圆形截面上风速分布的等值线图为近似圆形的环状。

　　通过对以上 4 种截面上风速分布的等值线图分析发现,风速分布的等值线图形均与截面形状相似的环状,但是每一个环形均有小尺度的波动,并且靠近截面中心位置的环波动较大,而靠近边壁的环波动较小。这种情况产生的原因可能是人工测量的误差以及尺寸效应。对于同一形状的截面,不同通风风速下平均风速分布的区域比较接近,说明同一形状巷道内,紊流充分发展处截面上平均风速分布曲线受通风风速的影响较小。风速值在巷道中心部位最大,由中心向边壁逐渐减小,不同通风风速下平均风速的分布区域均在靠近巷道边壁的位置,并且在大于平均风速值的环状区域风速值比较稳定,而在小于平均风速值的环状区域,越靠近边壁风速值降低越快,说明风速的分布在靠近边壁时受到影响较大。

　　为了便于对风流分布的特征进行研究,本书提出两个新的概念——"特征环"和"关键环",并对这两个概念分别进行了解释。"特征环"是指巷道内紊流充分发展处截面上表征风速分布的等值线环。任意形状巷道内的横截面上都有其特有的"特征环"。"关键环"是指在"特征环"上与截面上平均风速值相等的环。对"关键环"的研究对于井下有效、准确地监测平均风速和风量具有非常重要的意义。

(5) 实验与模拟对比分析

在正常通风时期,对比分析相同模型尺寸条件下,巷道内通风风速分别为 2 m/s、3 m/s、4 m/s、5 m/s 工况时,正方形截面、梯形截面、三心拱形截面以及圆形截面巷道内紊流充分发展处($x = 5.6$ m)截面上实验所测得的"关键环"与模拟"关键环"的分布曲线。

首先建立正方形截面、梯形截面、三心拱形截面以及圆形截面的坐标系,如图 2-22 所示。

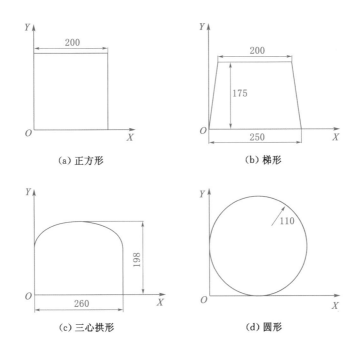

图 2-22 不同形状截面坐标系

① 正方形截面巷道"关键环"分布曲线实验值与模拟值对比

正方形截面巷道内在通风风速为 2 m/s、3 m/s、4 m/s、5 m/s 工况下,紊流充分发展处($x = 5.6$ m)截面上"关键环"分布曲线实验值与模拟值对比如图 2-23 所示。

由图 2-23 可以看出,在不同的通风风速下,实验测得正方形截面巷道在紊流充分发展处截面上"关键环"分布曲线与模拟结果较好地吻合。

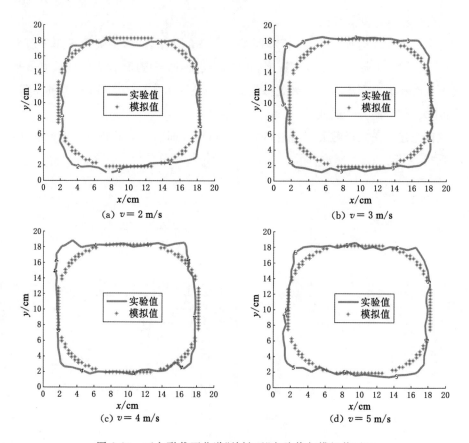

图 2-23　正方形截面巷道"关键环"实验值与模拟值对比

② 梯形截面巷道"关键环"分布曲线实验值与模拟值对比

梯形截面巷道内在通风风速为 2 m/s、3 m/s、4 m/s、5 m/s 工况下,紊流充分发展处($x = 5.6$ m)截面上"关键环"分布曲线实验值与模拟值对比如图 2-24 所示。

由图 2-24 可以看出,在不同的通风风速下,实验测得梯形截面巷道在紊流充分发展处截面上"关键环"稍大于数值模拟的"关键环",这可能是由于人工测量的误差造成的,但是依然可以认为实验结果与模拟结果能较好地吻合。

③ 三心拱形截面巷道"关键环"分布曲线实验值与模拟值对比

三心拱形截面巷道内在通风风速为 2 m/s、3 m/s、4 m/s、5 m/s 工况下,紊流充分发展处($x = 5.6$ m)截面上"关键环"分布曲线实验值与模拟值对比如图 2-25 所示。

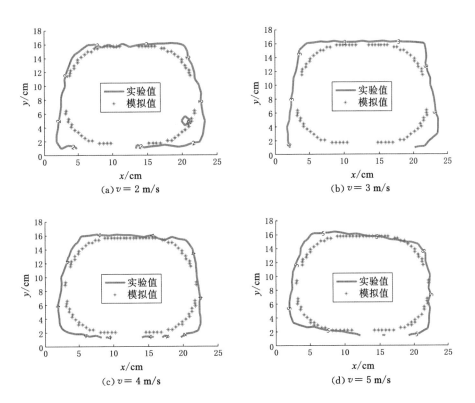

图 2-24 梯形截面巷道"关键环"实验值与模拟值对比

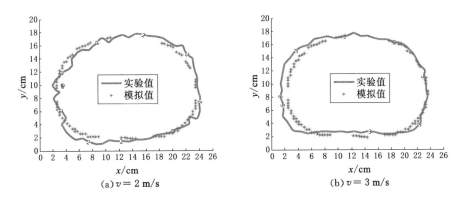

图 2-25 三心拱形截面巷道"关键环"实验值与模拟值对比

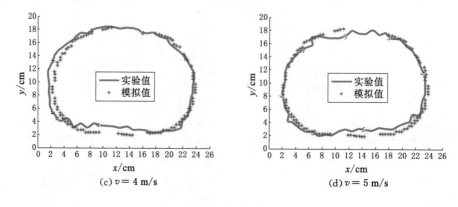

(c) $v = 4$ m/s   (d) $v = 5$ m/s

图 2-25(续)

由图 2-25 可以看出,在不同的通风风速下,实验测得三心拱形截面巷道在紊流充分发展处截面上"关键环"分布曲线与模拟结果亦是较好地吻合。

④ 圆形截面巷道"关键环"分布曲线实验值与模拟值对比

圆形截面巷道内在通风风速为 2 m/s、3 m/s、4 m/s、5 m/s 工况下,紊流充分发展处($x = 5.6$ m)截面上"关键环"分布曲线实验值与模拟值对比如图 2-26 所示。

由图 2-26 可以看出,在不同的通风风速下,实验测得圆形截面巷道在紊流充分发展处截面上"关键环"分布曲线与模拟结果亦是较好地吻合。

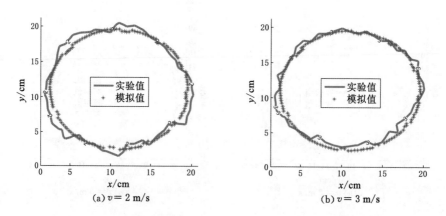

(a) $v = 2$ m/s   (b) $v = 3$ m/s

图 2-26 圆形截面巷道"关键环"实验值与模拟值对比

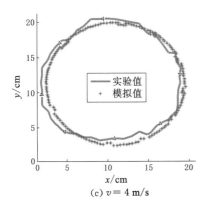
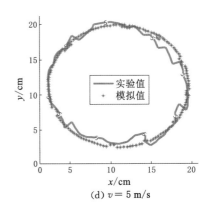

图 2-26（续）

从以上图形中可以看出，在不同通风风速下，正方形截面、梯形截面、三心拱形截面以及圆形截面巷道内紊流充分发展处截面上"关键环"分布曲线的模拟结果均和实验结果吻合较好；同时，由于实验巷道尺寸较小，而真实巷道尺寸很大，根据尺寸效应，大尺寸巷道的误差将会更小。由此说明巷道风流分布规律的数值模拟计算方法具有较高的准确度，并且数值模拟可以更准确地计算大尺寸巷道"关键环"的分布曲线。

2.7　模拟结果分析

由上述"关键环"分布曲线的实验结果与模拟值对比验证可知，通过数值模拟分析巷道内风流分布规律的方法是可行的，并且具有较高的准确度。因此，为了进一步对正方形截面、梯形截面、三心拱形截面以及圆形截面巷道内紊流充分发展处横截面上"关键环"分布规律进行定量分析，本节对正方形、梯形、三心拱形以及圆形巷道的模型尺寸等比例放大至原来的 2 倍、3 倍、4 倍、5 倍，并按照前述数值模拟方法进行巷道通风的数值模拟。

2.7.1　正方形截面巷道"关键环"分布规律定量分析

正方形截面巷道模型尺寸：截面边长分别为 200 mm、400 mm、600 mm、800 mm、1 000 mm；巷道长分别为 8 m、16 m、24 m、32 m、40 m。分别分析 5 种不同尺寸下，正方形截面巷道内紊流充分发展处（$x=5.6$ m、11.2 m、16.8 m、

22.4 m、28 m)截面上"关键环"的分布规律。将以上 5 种尺寸的正方形截面巷道模型分别称为正方形 1、正方形 2、正方形 3、正方形 4、正方形 5,所分析的紊流充分发展处截面分别为 X_1、X_2、X_3、X_4、X_5。如图 2-27 所示建立正方形截面坐标系。

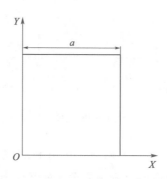

图 2-27　正方形截面坐标系(单位:m)

(1) 不同边长正方形截面巷道对其"关键环"分布的影响

在不同通风风速下,不同边长的正方形巷道模型在紊流充分发展处截面上"关键环"的分布规律,如图 2-28 所示。

从图 2-28 中可以看出,对于不同边长的正方形截面巷道,"关键环"分布曲线近似于圆形;在巷道平均风速为 0.15~5 m/s 时,同一边长正方形巷道紊流充分发展处截面上"关键环"的分布曲线吻合较好,说明同一边长正方形截面巷道内,不同通风风速对紊流充分发展处截面上"关键环"分布曲线几乎没有影响,即"关键环"分布曲线与通风风速大小无关;同时"关键环"主要分布在靠近巷道边壁处,上下、左右均具有较好的对称性。正方形截面上"关键环"分布曲线的上下、左右为平滑的直线,且平行于正方形的 4 条边壁,而四角处为圆弧曲线,与正方形截面形状有着一一对应的关系,说明巷道内紊流充分发展处截面上"关键环"的分布曲线与其所对应的截面形状有关。将正方形截面进行同比例放大之后,发现不同尺寸下,正方形截面巷道内紊流充分发展处截面上"关键环"分布曲线形状基本不变,分布区域尺寸亦随着截面尺寸的扩大进行相应比例的扩大,进一步说明了巷道紊流充分发展处截面上"关键环"分布曲线形状与巷道截面形状有关,而与巷道截面尺寸大小无关。

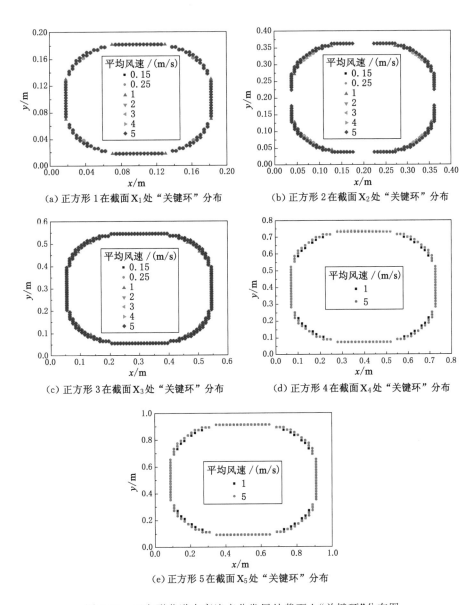

图 2-28 正方形巷道在紊流充分发展处截面上"关键环"分布图

（2）正方形截面巷道"关键环"分布规律的定量分析

经过以上分析可知,不同边长正方形截面巷道内"关键环"分布曲线具有一定的规律性,因此,下面将正方形巷道内紊流充分发展处截面上"关键环"分布曲线分为 8 个区域分别进行定量分析。以正方形 1 为例对"关键环"进行分区划分,如图 2-29 所示。

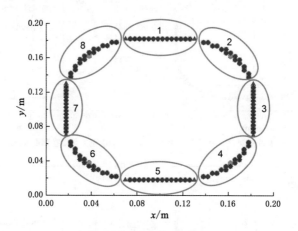

图 2-29 正方形截面巷道"关键环"分布曲线分区图

由于正方形截面上"关键环"分布曲线上下、左右均对称,图 2-29 中 1、5 关于 $y=0.1$ m 对称,3、7 关于 $x=0.1$ m 对称,2、4、6、8 分别关于 $y=0.1$ m 和 $x=0.1$ m 对称。因此,仅对 5、6、7 三个区域进行定量分析。

① 第 5 部分定量分析

从图 2-28 中可以看出,不同边长的正方形截面上"关键环"分布曲线中第 5 部分均为平滑的水平直线。下面定量分析不同边长正方形截面上第 5 部分平滑直线的分布规律,找出其与正方形边长的关系。

正方形 1:坐标区域在 x[0.07 m,0.13 m],y[0.01 m,0.02 m]的区间范围内,平均风速所在区域满足 $f(x)=0.018$;

正方形 2:坐标区域在 x[0.127 6 m,0.272 4 m],y[0.03 m,0.04 m]的区间范围内,平均风速所在区域满足 $f(x)=0.038$;

正方形 3:坐标区域在 x[0.205 m,0.395 m],y[0.05 m,0.06 m]的区间范围内,平均风速所在区域满足 $f(x)=0.055$;

正方形 4:坐标区域在 x[0.28 m,0.52 m],y[0.07 m,0.08 m]的区间范围内,平均风速所在区域满足 $f(x)=0.072$;

正方形 5:坐标区域在 x[0.35 m,0.65 m],y[0.085 m,0.095 m]的区间范围内,平均风速所在区域满足 $f(x)=0.09$。

正方形截面上"关键环"分布曲线中第 5 部分水平直线段长度及其距正方形截面巷道下底边壁的垂直距离如表 2-2 所示。

表 2-2 第 5 部分直线段长度及其距下底边壁距离

正方形边长 a/m	0.2	0.4	0.6	0.8	1.0
第 5 部分距下底边壁垂直距离 a_1/m	0.018	0.038	0.055	0.072	0.090
第 5 部分直线段长度 a_2/m	0.060 0	0.144 8	0.190 0	0.240 0	0.300 0

通过对表 2-2 中的数据进行分析,正方形截面上"关键环"第 5 部分直线段距正方形下底边壁的垂直距离与正方形边长的关系如图 2-30 所示,通过曲线拟合满足方程:

$$a_1 = 0.089a + 0.001\ 2 \tag{2-9}$$

式中,a 为正方形截面边长,m;a_1 为正方形截面上"关键环"第 5 部分直线段距正方形下底边壁的垂直距离,m。

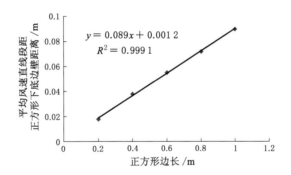

$$y = 0.089x + 0.001\ 2$$
$$R^2 = 0.999\ 1$$

图 2-30 "关键环"第 5 部分直线段距正方形
下底边壁的距离与正方形边长的关系

第 5 部分直线段长度与正方形边长的关系如图 2-31 所示,其满足方程:

$$a_2 = 0.287\ 6a + 0.014\ 4 \tag{2-10}$$

式中,a_2 为正方形截面上"关键环"第 5 部分直线段长度,m。

② 第 7 部分定量分析

由于第 7 部分与第 5 部分关于 $y = x$ 对称,这里就不再进行分析。

③ 第 6 部分定量分析

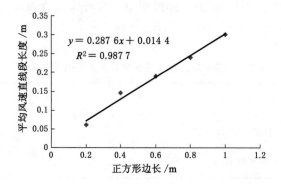

图 2-31 "关键环"第 5 部分直线段长度与正方形边长的关系

从图 2-28 中可以看出，不同边长的正方形截面上"关键环"分布曲线中第 6 部分均为曲线。下面通过拟合第 6 部分的曲线方程进一步分析其与正方形边长的关系。

不同边长正方形截面上"关键环"第 6 部分曲线 x、y 取值范围分别为：

正方形 1：$x[0.018 \text{ m}, 0.07 \text{ m}]$，$y[0.018 \text{ m}, 0.07 \text{ m}]$

正方形 2：$x[0.038 \text{ m}, 0.127\ 6 \text{ m}]$，$y[0.038 \text{ m}, 0.127\ 6 \text{ m}]$

正方形 3：$x[0.055 \text{ m}, 0.205 \text{ m}]$，$y[0.055 \text{ m}, 0.205 \text{ m}]$

正方形 4：$x[0.072 \text{ m}, 0.28 \text{ m}]$，$y[0.072 \text{ m}, 0.28 \text{ m}]$

正方形 5：$x[0.09 \text{ m}, 0.35 \text{ m}]$，$y[0.09 \text{ m}, 0.35 \text{ m}]$

不同边长正方形截面上"关键环"第 6 部分曲线拟合如图 2-32 所示。

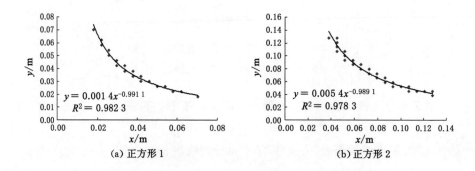

图 2-32 正方形截面上"关键环"第 6 部分曲线拟合图

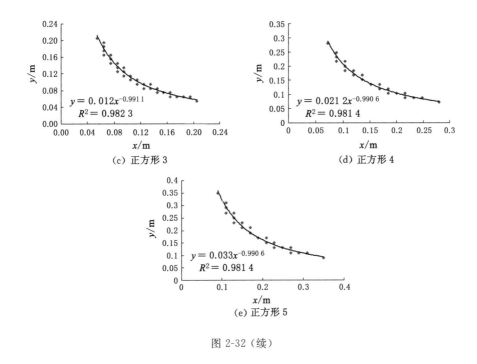

(c) 正方形 3   (d) 正方形 4

(e) 正方形 5

图 2-32（续）

对图 2-32 中 5 种尺寸的正方形截面上"关键环"第 6 部分的曲线拟合方程进行对比，如表 2-3 所示。

表 2-3   不同边长正方形截面上"关键环"第 6 部分曲线方程

正方形边长 a/m	第 6 部分曲线方程
0.2	$y = 0.001\,4x^{-0.991\,1}$
0.4	$y = 0.005\,4x^{-0.989\,1}$
0.6	$y = 0.012x^{-0.991\,1}$
0.8	$y = 0.021\,2x^{-0.990\,6}$
1.0	$y = 0.033x^{-0.990\,6}$

通过对表 2-3 中的曲线方程分析发现，不同边长正方形截面上"关键环"第 6 部分曲线符合以下通式：

$$y = kx^{-1} \qquad\qquad (2\text{-}11)$$

系数 k 与正方形边长 a 满足公式：

$$k = 0.032\ 8a^{1.963\ 3} \qquad\qquad (2\text{-}12)$$

因此,正方形截面上"关键环"第 6 部分曲线满足方程:

$$y = 0.032\ 8a^{1.963\ 3}x^{-1} \qquad\qquad (2\text{-}13)$$

式中,a 为正方形截面边长,m;x 为正方形截面上"关键环"第 6 部分所对应的横坐标,并且 x 满足的区间为 $[0.089a + 0.001\ 2, 0.356\ 2a - 0.007\ 2]$,m;$y$ 为正方形截面上"关键环"第 6 部分所对应的纵坐标,m。

④ 正方形巷道内紊流充分发展处截面上"关键环"特征方程

综合以上分析可知,正方形巷道内紊流充分发展处截面上"关键环"分布曲线满足的特征方程如表 2-4 所示。

表 2-4　正方形截面上"关键环"特征方程

分布区域	"关键环"分布特征方程	取值范围/m
1	$f(x) = 0.911a - 0.001\ 2$	$x \in [0.356\ 2a - 0.007\ 2, 0.643\ 8a + 0.007\ 2]$, $y \in [0.643\ 8a + 0.007\ 2, a]$
2	$f(x) = a - 0.032\ 8a^{1.963\ 3}(a-x)^{-1}$	$x \in [0.643\ 8a + 0.007\ 2, 0.911a - 0.001\ 2]$
3	$x = 0.911a - 0.001\ 2$	$x \in [0.643\ 8a + 0.007\ 2, a]$, $y \in [0.356\ 2a - 0.007\ 2, 0.643\ 8a + 0.007\ 2]$
4	$f(x) = 0.032\ 8a^{1.963\ 3}(a-x)^{-1}$	$x \in [0.643\ 8a + 0.007\ 2, 0.911a - 0.001\ 2]$
5	$f(x) = 0.089a + 0.001\ 2$	$x \in [0.356\ 2a - 0.007\ 2, 0.643\ 8a + 0.007\ 2]$, $y \in [0, 0.356\ 2a - 0.007\ 2]$
6	$f(x) = 0.032\ 8a^{1.963\ 3}x^{-1}$	$x \in [0.089a + 0.001\ 2, 0.356\ 2a - 0.007\ 2]$
7	$x = 0.089a + 0.001\ 2$	$x \in [0, 0.356\ 2a - 0.007\ 2]$, $y \in [0.356\ 2a - 0.007\ 2, 0.643\ 8a + 0.007\ 2]$
8	$f(x) = a - 0.032\ 8a^{1.963\ 3}x^{-1}$	$x \in [0.089a + 0.001\ 2, 0.356\ 2a - 0.007\ 2]$

2.7.2　梯形截面巷道"关键环"分布规律定量分析

梯形截面巷道模型尺寸:上底边长分别为 200 mm、400 mm、600 mm、800 mm、1 000 mm;下底边长分别为 250 mm、500 mm、750 mm、1 000 mm、

1 250 mm;高分别为 175 mm、350 mm、525 mm、700 mm、875 mm;巷道长分别为 8 m、16 m、24 m、32 m、40 m。分别分析 5 种不同尺寸下,梯形截面巷道内紊流充分发展处(x=5.6 m、11.2 m、16.8 m、22.4 m、28 m)截面上"关键环"分布规律。将以上 5 种尺寸的梯形截面巷道模型分别称之为梯形 1、梯形 2、梯形 3、梯形 4、梯形 5,所分析的紊流充分发展处截面分别为 Y_1、Y_2、Y_3、Y_4、Y_5。如图 2-33 所示建立梯形截面坐标系。

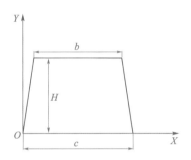

图 2-33 梯形截面坐标系(单位:m)

(1) 不同尺寸梯形截面巷道对其"关键环"分布的影响

在不同通风风速下,不同尺寸的梯形巷道模型在紊流充分发展处截面上"关键环"的分布规律,如图 2-34 所示。

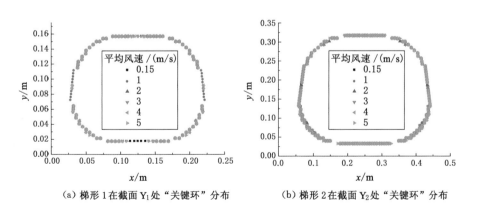

(a) 梯形 1 在截面 Y_1 处"关键环"分布   (b) 梯形 2 在截面 Y_2 处"关键环"分布

图 2-34 梯形巷道在紊流充分发展处截面上"关键环"分布图

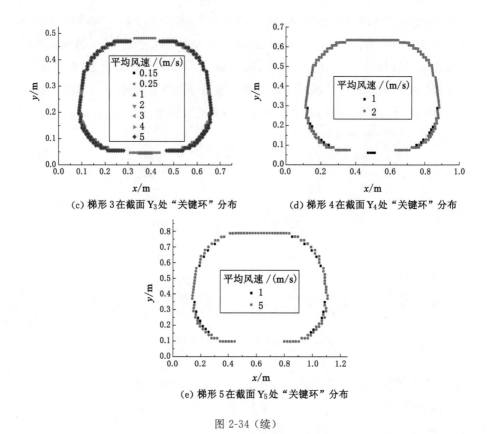

(c) 梯形3在截面Y₃处"关键环"分布　　　　(d) 梯形4在截面Y₄处"关键环"分布

(e) 梯形5在截面Y₅处"关键环"分布

图 2-34（续）

从图 2-34 中可以看出,在巷道平均风速为 0.15～5 m/s 时,同一尺寸梯形巷道紊流充分发展处截面上"关键环"的分布曲线基本一致,说明"关键环"分布曲线与通风风速大小无关;同时"关键环"主要分布在靠近巷道边壁处,左右具有非常好的对称性。梯形截面上"关键环"的分布曲线近似为圆形,其上下为平滑的直线,且平行于梯形的上下底边,四个拐角为圆弧曲线,而左右两侧的中间位置为平滑的斜线,整个分布曲线与梯形截面形状有着一一对应的关系,说明巷道内紊流充分发展处截面上"关键环"分布曲线与其所对应的截面形状有关。

（2）梯形截面巷道"关键环"分布规律的定量分析

经过以上分析可知,不同尺寸梯形截面巷道内"关键环"分布曲线具有一定的规律性,因此,下面将梯形巷道内紊流充分发展处截面上的"关键环"分布曲线分为 8 个区域分别进行定量分析。以梯形 1 为例对"关键环"进行分区划分,如图 2-35 所示。

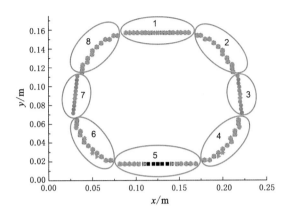

图 2-35　梯形截面巷道"关键环"分布曲线分区图

由于梯形截面上"关键环"分布曲线左右对称,图 2-35 中 2、8 关于 $x=$ 0.125 m 对称,3、7 关于 $x=0.125$ m 对称,4、6 关于 $x=0.125$ m 对称。因此,仅对 1、5、6、7、8 五个区域进行定量分析。

① 第 1 部分定量分析

从图 2-34 中可以看出,不同尺寸的梯形截面上"关键环"分布曲线中第 1 部分均为平滑的水平直线。下面定量分析不同尺寸梯形截面上"关键环"第 1 部分平滑直线的分布规律,找出其与梯形上底边长的关系。

梯形 1:坐标区域在 $x[0.088\ 6$ m,$0.161\ 4$ m],$y[0.15$ m,0.16 m]的区间范围内,平均风速所在区域满足 $f(x)=0.157$;

梯形 2:坐标区域在 $x[0.191\ 9$ m,$0.308\ 1$ m],$y[0.3$ m,0.325 m]的区间范围内,平均风速所在区域满足 $f(x)=0.317$;

梯形 3:坐标区域在 $x[0.24$ m,0.51 m],$y[0.45$ m,0.5 m]的区间范围内,平均风速所在区域满足 $f(x)=0.47$;

梯形 4:坐标区域在 $x[0.352$ m,0.648 m],$y[0.6$ m,0.65 m]的区间范围内,平均风速所在区域满足 $f(x)=0.632$;

梯形 5:坐标区域在 $x[0.415$ m,0.835 m],$y[0.75$ m,0.8 m]的区间范围内,平均风速所在区域满足 $f(x)=0.785$。

梯形截面上"关键环"第 1 部分水平直线段长度及其距梯形截面巷道上底边壁的距离如表 2-5 所示。

表 2-5　第 1 部分直线段长度及其距上底边壁距离

梯形上底边长 b/m	0.2	0.4	0.6	0.8	1.0
第 1 部分距上底边壁垂直距离 b_1/m	0.018	0.033	0.055	0.068	0.09
第 1 部分直线段长度 b_2/m	0.072 8	0.116 2	0.27	0.296	0.42

通过对表 2-5 中的数据进行分析,梯形截面上"关键环"第 1 部分直线段距梯形上底边壁的垂直距离与梯形上底边长的关系如图 2-36 所示,通过曲线拟合满足方程:

$$b_1 = 0.089\ 5b - 0.000\ 9 \tag{2-14}$$

式中,b 为梯形上底边长,m;b_1 为梯形截面上"关键环"第 1 部分直线段距梯形上底边壁的垂直距离,m。

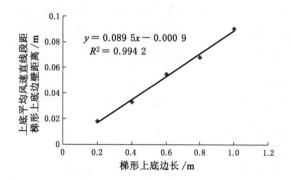

图 2-36　"关键环"第 1 部分直线段距梯形上底边壁的距离
与梯形上底边长的关系

第 1 部分直线段长度与梯形上底边长的关系如图 2-37 所示,其满足方程:

$$b_2 = 0.437\ 1b - 0.027\ 3 \tag{2-15}$$

式中,b_2 为梯形截面上"关键环"第 1 部分直线段长度,m。

② 第 5 部分定量分析

从图 2-34 中可以看出,不同尺寸的梯形截面上"关键环"分布曲线中第 5 部分均为平滑的水平直线。下面定量分析不同尺寸梯形截面上"关键杯"第 5 部分平滑直线的分布规律,找出其与梯形下底边长的关系。

梯形 1:坐标区域在 $x[0.081\ 4\ \text{m}, 0.168\ 6\ \text{m}]$,$y[0.01\ \text{m}, 0.02\ \text{m}]$ 的区间范围内,平均风速所在区域满足 $f(x) = 0.017\ 5$;

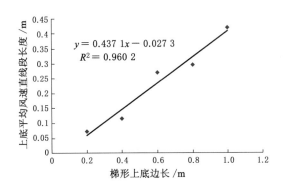

图 2-37 "关键环"第 1 部分直线段长度与梯形上底边长的关系

梯形 2:坐标区域在 x[0.171 9 m,0.328 1 m],y[0.03 m,0.04 m]的区间范围内,平均风速所在区域满足 $f(x)=0.032 7$;

梯形 3:坐标区域在 x[0.211 m,0.539 m],y[0.05 m,0.06 m]的区间范围内,平均风速所在区域满足 $f(x)=0.055$;

梯形 4:坐标区域在 x[0.287 m,0.713 m],y[0.07 m,0.08 m]的区间范围内,平均风速所在区域满足 $f(x)=0.073 3$;

梯形 5:坐标区域在 x[0.344 m,0.906 m],y[0.09 m,0.1 m]的区间范围内,平均风速所在区域满足 $f(x)=0.093 8$。

梯形截面上"关键环"第 5 部分水平直线段长度及其距梯形截面巷道下底边壁的距离如表 2-6 所示。

表 2-6 第 5 部分直线段长度及其距下底边壁距离

梯形下底边长 c/m	0.25	0.50	0.75	1.00	1.25
第 5 部分距下底边壁垂直距离 c_1/m	0.017 5	0.032 7	0.055	0.073 3	0.093 8
第 5 部分直线段长度 c_2/m	0.087 2	0.156 2	0.328	0.426	0.562

通过对表 2-6 中的数据进行分析,梯形截面上"关键环"第 5 部分直线段距梯形下底边壁的垂直距离与梯形下底边长的关系如图 2-38 所示,通过曲线拟合满足方程:

$$c_1=0.077 3c-0.003 5 \tag{2-16}$$

式中,c 为梯形下底边长,m;c_1 为梯形截面上"关键环"第 5 部分直线段距梯形下底边壁的垂直距离,m。

第 5 部分直线段长度与梯形下底边长的关系如图 2-39 所示,其满足方程:

$$c_2 = 0.487\ 8c - 0.053\ 9 \tag{2-17}$$

式中,c_2 为第 5 部分直线段长度,m。

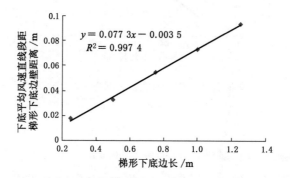

图 2-38 "关键环"第 5 部分直线段距梯形下底边壁的距离
与梯形下底边长的关系

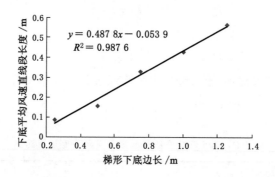

图 2-39 "关键环"第 5 部分直线段长度与梯形下底边长的关系

③ 第 6 部分定量分析

从图 2-34 中可以看出,不同尺寸的梯形截面上"关键环"分布曲线中第 6 部分均为圆弧曲线。下面通过拟合第 6 部分曲线方程进一步分析其与梯形上底边长的关系。

不同尺寸梯形截面上"关键环"第 6 部分曲线 x、y 取值范围分别为:

梯形 1:x[0.025 m,0.083 m],y[0.017 5m,0.072 5 m]

梯形 2：$x[0.05\text{ m},0.172\text{ m}],y[0.032\text{ 7m},0.14\text{ m}]$

梯形 3：$x[0.075\text{ m},0.213\text{ m}],y[0.055\text{ m},0.2\text{ m}]$

梯形 4：$x[0.11\text{ m},0.29\text{ m}],y[0.073\text{ 3m},0.3\text{ m}]$

梯形 5：$x[0.125\text{ m},0.355\text{ m}],y[0.093\text{ 8 m},0.37\text{ m}]$

不同尺寸梯形截面上"关键环"第 6 部分曲线拟合如图 2-40 所示。

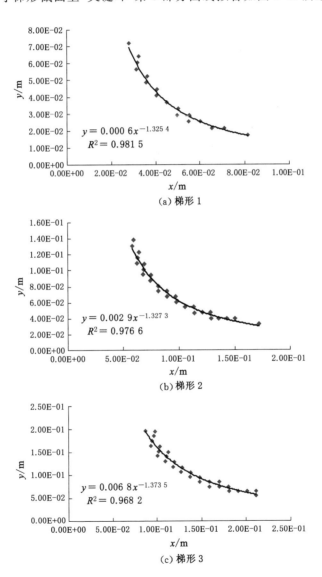

图 2-40　梯形截面上"关键环"第 6 部分曲线拟合图

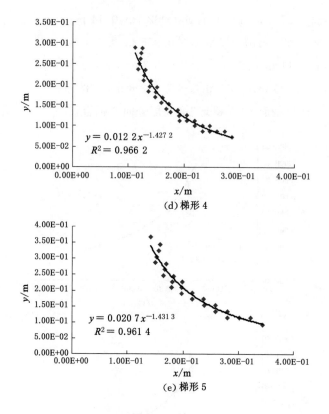

图 2-40（续）

对图 2-40 中 5 种尺寸的梯形截面上"关键环"第 6 部分曲线拟合方程进行对比，梯形上底边长及其对应的第 6 部分曲线方程如表 2-7 所示。

表 2-7　不同尺寸梯形截面上"关键环"第 6 部分曲线方程

梯形上底边长 b/m	第 6 部分曲线方程
0.20	$y = 0.000\,6x^{-1.325\,4}$
0.40	$y = 0.002\,9x^{-1.327\,3}$
0.60	$y = 0.006\,8x^{-1.373\,5}$
0.80	$y = 0.012\,2x^{-1.427\,2}$
1.00	$y = 0.020\,7x^{-1.431\,3}$

通过对表 2-7 中的曲线方程分析发现，不同尺寸梯形截面上"关键环"第 6 部分曲线符合以下通式：

$$y = kx^{-1.38} \tag{2-18}$$

系数 k 与梯形上底边长 b 符合公式：

$$k = 0.020\ 6b^{2.182\ 8} \tag{2-19}$$

因此，梯形截面上"关键环"第 6 部分曲线满足方程：

$$y = 0.020\ 6b^{2.182\ 8}x^{-1.38} \tag{2-20}$$

式中，b 为梯形上底边长，m；x 为梯形截面上"关键环"第 6 部分所对应的横坐标，并且 x 满足的区间为 $[0.151\ 14H + 0.006\ 9, 0.256\ 1c + 0.026\ 95]$，m；$y$ 为梯形截面上"关键环"第 6 部分所对应的纵坐标，m。

④ 第 7 部分定量分析

从图 2-34 中可以看出，不同尺寸的梯形截面上"关键环"分布曲线中第 7 部分均为平滑的斜线。下面定量分析不同尺寸梯形截面上"关键环"第 7 部分斜线方程的规律，找出其与梯形高的关系。

不同尺寸梯形截面上"关键环"第 7 部分斜线 x、y 取值范围分别为：

梯形 1：$x[0.025\ \text{m}, 0.035\ \text{m}]$，$y[0.07\ \text{m}, 0.115\ \text{m}]$

梯形 2：$x[0.05\ \text{m}, 0.09\ \text{m}]$，$y[0.135\ \text{m}, 0.24\ \text{m}]$

梯形 3：$x[0.075\ \text{m}, 0.125\ \text{m}]$，$y[0.195\ \text{m}, 0.36\ \text{m}]$

梯形 4：$x[0.11\ \text{m}, 0.14\ \text{m}]$，$y[0.28\ \text{m}, 0.45\ \text{m}]$

梯形 5：$x[0.125\ \text{m}, 0.225\ \text{m}]$，$y[0.35\ \text{m}, 0.57\ \text{m}]$

不同尺寸梯形截面上"关键环"第 7 部分斜线拟合如图 2-41 所示。

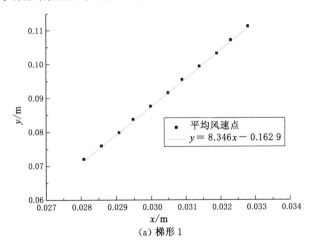

图 2-41 梯形截面上"关键环"第 7 部分斜线拟合图

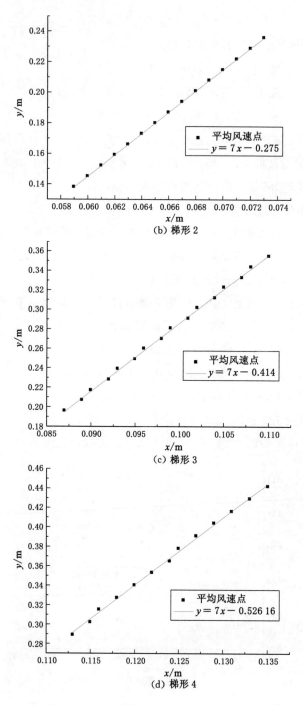

(b) 梯形 2

(c) 梯形 3

(d) 梯形 4

图 2-41（续）

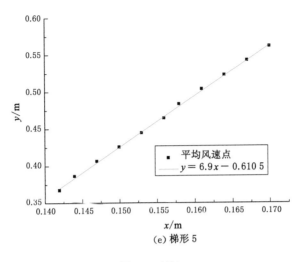

(e) 梯形 5

图 2-41（续）

对图 2-41 中 5 种尺寸梯形截面上"关键环"第 7 部分的斜线方程进行对比，梯形高度及其所对应的第 7 部分斜线方程如表 2-8 所示。

表 2-8　不同尺寸梯形截面上"关键环"第 7 部分斜线方程

梯形高度 H/m	第 7 部分斜线方程
0.175	$y = 8.346x - 0.162\,9$
0.350	$y = 7x - 0.275$
0.525	$y = 7x - 0.414$
0.700	$y = 7x - 0.526\,16$
0.875	$y = 6.9x - 0.610\,5$

分析 5 种尺寸梯形截面上"关键环"第 7 部分平滑斜线方程，可用通式 $y = 7x - G$ 表示，而 G 随着梯形尺寸的等比例增大而增大。G 与梯形高度 H 的关系可表示为：

$$G = 0.655\,1H + 0.053\,8 \tag{2-21}$$

因此，梯形截面上"关键环"第 7 部分斜线方程可表示为：

$$y = 7x - 0.655\,1H - 0.053\,8 \tag{2-22}$$

根据不同尺寸 y 及其所对应的梯形高度 H 的关系，确定 y 的取值范围为 $[0.402\,9H - 0.005\,5, 0.64H + 0.011]$。

⑤ 第 8 部分定量分析

从图 2-34 中可以看出,不同尺寸的梯形截面上"关键环"分布曲线中第 8 部分均为圆弧曲线。下面定量分析不同尺寸梯形截面上"关键环"第 8 部分曲线方程的规律,找出其与梯形边长的关系。

不同尺寸梯形截面上"关键环"第 8 部分曲线 x、y 取值范围分别为:

梯形 1:$x[0.032\ 6\ \text{m}, 0.089\ \text{m}], y[0.11\ \text{m}, 0.158\ \text{m}]$

梯形 2:$x[0.072\ 5\ \text{m}, 0.192\ \text{m}], y[0.23\ \text{m}, 0.318\ \text{m}]$

梯形 3:$x[0.109\ \text{m}, 0.241\ \text{m}], y[0.35\ \text{m}, 0.47\ \text{m}]$

梯形 4:$x[0.134\ \text{m}, 0.37\ \text{m}], y[0.44\ \text{m}, 0.635\ \text{m}]$

梯形 5:$x[0.169\ \text{m}, 0.425\ \text{m}], y[0.56\ \text{m}, 0.786\ \text{m}]$

不同尺寸梯形截面上"关键环"第 8 部分曲线拟合如图 2-42 所示。

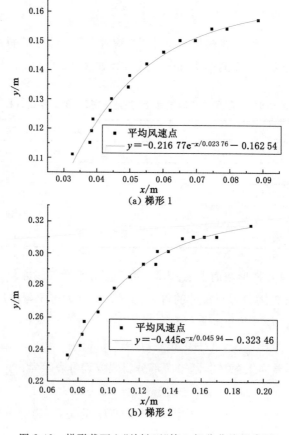

图 2-42　梯形截面上"关键环"第 8 部分曲线拟合图

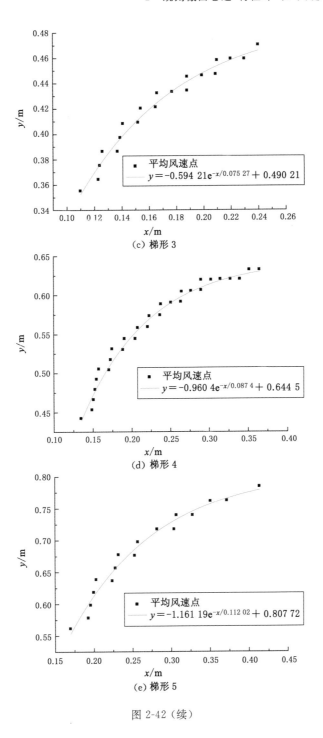

（c）梯形 3

（d）梯形 4

（e）梯形 5

图 2-42（续）

对图 2-42 中 5 种尺寸的梯形截面上"关键环"第 8 部分曲线拟合方程进行对比,梯形上底边长及其对应的第 8 部分曲线方程如表 2-9 所示。

表 2-9　不同尺寸梯形截面上"关键环"第 8 部分曲线方程

梯形上底边长 b/m	"关键环"第 8 部分曲线方程
0.20	$y=-0.216\,77\mathrm{e}^{-x/0.023\,76}+0.162\,54$
0.40	$y=-0.445\mathrm{e}^{-x/0.045\,94}+0.323\,46$
0.60	$y=-0.594\,21\mathrm{e}^{-x/0.075\,27}+0.490\,21$
0.80	$y=-0.960\,4\mathrm{e}^{-x/0.087\,4}+0.644\,5$
1.00	$y=-1.161\,19\mathrm{e}^{-x/0.112\,02}+0.807\,72$

通过对表 2-9 中的曲线方程分析发现,不同尺寸梯形截面上"关键环"第 8 部分曲线符合以下通式:

$$y=A_1\mathrm{e}^{-x/T_1}+Y_0 \tag{2-23}$$

系数 A_1、T_1、Y_0 与梯形上底边长 b 符合公式:

$$A_1=-1.202\,1b+0.045\,8 \tag{2-24}$$

$$T_1=0.109b+0.003\,5 \tag{2-25}$$

$$Y_0=0.805\,7b+0.002\,3 \tag{2-26}$$

因此,梯形截面上"关键环"第 8 部分曲线满足方程:

$$y=(-1.202\,1b+0.045\,8)\mathrm{e}^{-x/(0.109b+0.003\,5)}+0.805\,7b+0.002\,3 \tag{2-27}$$

式中,b 为梯形上底边长,m;x 为"关键环"第 8 部分所对应的横坐标,m;y 为"关键环"第 8 部分所对应的纵坐标,并且 y 满足的区间为 $[0.64H+0.011,\ H-0.089\,5b+0.000\,9]$,m。

⑥ 梯形巷道内紊流充分发展处截面上"关键环"特征方程

综合以上分析可知,梯形巷道内紊流充分发展处截面上"关键环"分布曲线满足的特征方程如表 2-10 所示。

表 2-10　梯形截面上"关键环"特征方程

分布区域	"关键环"分布特征方程	取值范围/m
1	$f(x)=H-0.0895\,b+0.000\,9$	$x\in[0.5c-0.218\,55b+0.013\,65,$ $0.5c+0.218\,55b-0.013\,65]$
2	$f(x)=(-1.202\,1b+0.045\,8)\mathrm{e}^{-(c-x)/(0.109b+0.003\,5)}+$ $0.805\,7b+0.002\,3$	$y\in[0.64H+0.011,$ $H-0.089\,5b+0.000\,9]$
3	$f(x)=7(c-x)-0.655\,1H-0.053\,8$	$y\in[0.402\,9H-0.005\,5,$ $0.64H+0.011]$
4	$f(x)=0.020\,6b^{2.182\,8}(c-x)^{-1.38}$	$x\in[0.743\,9c-0.026\,95,$ $c-0.151\,14H-0.006\,9]$
5	$f(x)=0.077\,3c-0.003\,5$	$x\subset[0.256\,1c+0.026\,95,$ $0.743\,9c-0.026\,95]$
6	$f(x)=0.020\,6b^{2.182\,8}x^{-1.38}$	$x\in[0.151\,14H+0.006\,9,$ $0.256\,1c+0.026\,95]$
7	$f(x)=7x-0.655\,1H-0.053\,8$	$y\in[0.402\,9H-0.005\,5,$ $0.64H+0.011]$
8	$f(x)=(-1.202\,1b+0.045\,8)\mathrm{e}^{-x/(0.109b+0.003\,5)}+$ $0.805\,7b+0.002\,3$	$y\in[0.64H+0.011,$ $H-0.089\,5b+0.000\,9]$

2.7.3　三心拱形截面巷道"关键环"分布规律定量分析

三心拱形截面巷道模型尺寸:下底边长分别为 260 mm、520 mm、780 mm、1 040 mm、1 300 mm;墙高分别为 113 mm、226 mm、339 mm、452 mm、565 mm;巷道长分别为 8 m、16 m、24 m、32 m、40 m。分别分析 5 种不同尺寸下,

三心拱形截面巷道内紊流充分发展处 ($x=5.6$ m、11.2 m、16.8 m、22.4 m、28 m)截面上"关键环"分布规律。将以上 5 种尺寸的三心拱形截面巷道模型分别称之为三心拱 1、三心拱 2、三心拱 3、三心拱 4、三心拱 5,所分析的紊流充分发展处截面分别为 Z_1、Z_2、Z_3、Z_4、Z_5。如图 2-43 所示建立三心拱形截面坐标系。

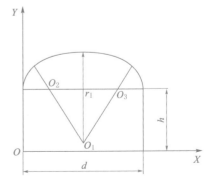

图 2-43　三心拱形截面坐标系(单位:m)

（1）不同尺寸三心拱形截面巷道对其"关键环"分布的影响

在不同通风风速下，不同尺寸的三心拱巷道模型在紊流充分发展处截面上"关键环"的分布规律，如图 2-44 所示。

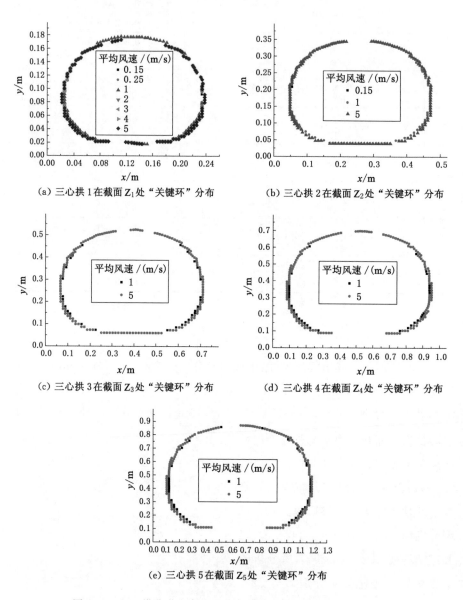

图 2-44　三心拱巷道在紊流充分发展处截面上"关键环"分布图

从图 2-44 中可以看出,三心拱形截面上"关键环"的分布曲线靠近巷道边壁,在巷道平均风速为 0.15~5 m/s 时,同一尺寸三心拱巷道紊流充分发展处截面上"关键环"的分布曲线基本一致,说明"关键环"分布曲线受通风风速影响很小。从三心拱形截面上"关键环"的分布曲线可以看出,在"关键环"的底部和左右两侧分别为平滑的直线,而在上部、左下侧和右下侧为曲线,整个分布曲线与三心拱形截面形状有着一一对应的关系,说明巷道内紊流充分发展处截面上"关键环"的分布曲线与其所对应的截面形状有关。

(2) 三心拱形截面巷道"关键环"分布规律的定量分析

经过以上分析可知,不同尺寸三心拱形截面巷道内"关键环"分布曲线具有一定的规律性,因此,下面将三心拱巷道内紊流充分发展处截面上的"关键环"分布曲线分为 6 个区域分别进行定量分析。以三心拱 2 为例对"关键环"进行分区划分,如图 2-45 所示。

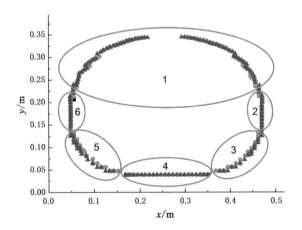

图 2-45　三心拱形截面巷道"关键环"分布曲线分区图

由于三心拱形截面上"关键环"分布曲线左右对称,图 2-45 中 2、6 关于 $x=0.26$ m 对称,3、5 关于 $x=0.26$ m 对称。因此,仅对 1、4、5、6 四个区域进行定量分析。

① 第 1 部分定量分析

从图 2-44 中可以看出,不同尺寸的三心拱形截面上"关键环"分布曲线中第 1 部分均为平滑的圆弧曲线。下面定量分析不同尺寸三心拱形截面上"关键环"第 1 部分平滑圆弧曲线的分布规律,找出其与三心拱形尺寸的关系。

不同尺寸三心拱形截面上"关键环"第 1 部分曲线拟合如图 2-46 所示。从图中可以看出,"关键环"第 1 部分曲线满足椭圆的曲线方程,具体规律如下:

三心拱 1:坐标区域在 $y > 0.11$ m 的区间范围内,"关键环"第 1 部分满足方程 $102(x-0.127\ 5)^2 + 197.2(y-0.103)^2 = 1$;

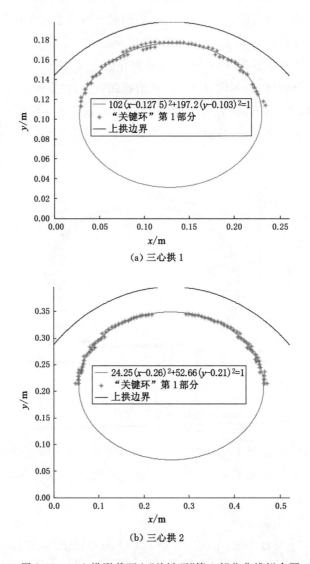

(a) 三心拱 1

(b) 三心拱 2

图 2-46 三心拱形截面上"关键环"第 1 部分曲线拟合图

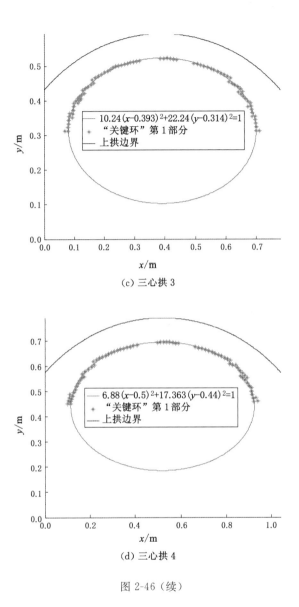

(c) 三心拱 3

(d) 三心拱 4

图 2-46（续）

三心拱 2：坐标区域在 $y > 0.21$ m 的区间范围内，"关键环"第 1 部分满足方程 $24.25(x-0.26)^2 + 52.66(y-0.21)^2 = 1$；

三心拱 3：坐标区域在 $y > 0.31$ m 的区间范围内，"关键环"第 1 部分满足方程 $10.24(x-0.393)^2 + 22.24(y-0.314)^2 = 1$；

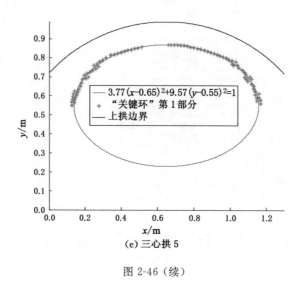

(e) 三心拱 5

图 2-46（续）

三心拱 4：坐标区域在 $y>0.45$ m 的区间范围内，"关键环"第 1 部分满足方程 $6.88(x-0.5)^2+17.363(y-0.44)^2=1$；

三心拱 5：坐标区域在 $y>0.55$ m 的区间范围内，"关键环"第 1 部分满足方程 $3.77(x-0.65)^2+9.57(y-0.55)^2=1$。

通过对比发现，不同尺寸三心拱巷道紊流充分发展处截面上"关键环"第 1 部分的曲线方程满足以下通式：

$$K_1(x-O_x)^2+K_2(y-O_y)^2=1 \tag{2-28}$$

系数 K_1、K_2、O_x、O_y 均和三心拱形截面尺寸有关。其中：O_x 与三心拱下底边长 w 满足公式：

$$O_x=\frac{w}{2} \tag{2-29}$$

系数 O_y 与三心拱顶部圆弧半径 r_1 满足公式：

$$O_y=0.614\ 2r_1-0.013\ 8 \tag{2-30}$$

系数 K_1 与三心拱顶部圆弧半径 r_1 满足公式：

$$K_1=3.281\ 9r_1^{-2} \tag{2-31}$$

系数 K_2 与三心拱顶部圆弧半径 r_1 满足公式：

$$K_2=8.408r_1^{-1.84} \tag{2-32}$$

因此，三心拱巷道紊流充分发展处截面上"关键环"第 1 部分的曲线方程满足以下方程：

$$3.281\,9r_1^{-2}\left(x-\frac{w}{2}\right)^2+8.408r_1^{-1.84}(y-0.614\,2r_1+0.013\,8)^2=1$$

$$(2\text{-}33)$$

式中，r_1 为三心拱顶部圆弧半径，m；w 为三心拱下底边长，m。

② 第 4 部分定量分析

从图 2-44 中可以看出，不同尺寸的三心拱形截面上"关键环"分布曲线中第 4 部分均为平滑的水平直线。下面定量分析不同尺寸三心拱形截面上"关键环"第 4 部分平滑直线的分布规律，找出其与三心拱下底边长的关系。

三心拱 1：坐标区域在 $x[0.072\,9\ \text{m},0.187\,2\ \text{m}]$，$y[0.01\ \text{m},0.025\ \text{m}]$ 的区间范围内，平均风速所在区域满足 $y=0.021\,7$；

三心拱 2：坐标区域在 $x[0.168\ \text{m},0.351\,1\ \text{m}]$，$y[0.025\ \text{m},0.05\ \text{m}]$ 的区间范围内，平均风速所在区域满足 $y=0.039$；

三心拱 3：坐标区域在 $x[0.253\,4\ \text{m},0.527\ \text{m}]$，$y[0.05\ \text{m},0.06\ \text{m}]$ 的区间范围内，平均风速所在区域满足 $y=0.058\,5$；

三心拱 4：坐标区域在 $x[0.275\ \text{m},0.765\ \text{m}]$，$y[0.08\ \text{m},0.09\ \text{m}]$ 的区间范围内，平均风速所在区域满足 $y=0.086\,7$；

三心拱 5：坐标区域在 $x[0.323\,5\ \text{m},0.976\ \text{m}]$，$y[0.09\ \text{m},0.11\ \text{m}]$ 的区间范围内，平均风速所在区域满足 $y=0.108\,3$。

三心拱形截面上"关键环"第 4 部分水平直线段长度及其距三心拱形截面巷道下底边壁的距离如表 2-11 所示。

表 2-11　第 4 部分直线段长度及其距下底边壁直距离

三心拱下底边长 w/m	0.26	0.52	0.78	1.04	1.30
第 4 部分距下底边壁垂直距离 w_1/m	0.021 7	0.039 0	0.058 5	0.086 7	0.108 3
第 4 部分直线段长度 w_2/m	0.114 3	0.182 1	0.273 6	0.490 0	0.652 5

通过对表 2-11 中的数据进行分析，三心拱形截面上"关键环"第 4 部分直线段距三心拱下底边壁的垂直距离与三心拱下底边长的关系以及第 4 部分直线段长度与三心拱下底边长的关系如图 2-47 及图 2-48 所示。

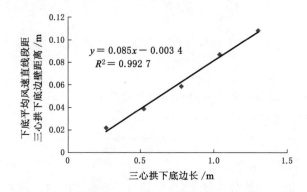

图 2-47　"关键环"第 4 部分直线段距三心拱下底边壁的
距离与三心拱下底边长的关系

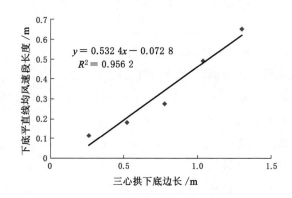

图 2-48　"关键环"第 4 部分直线段长度与
三心拱下底边长的关系

通过曲线拟合得出，三心拱形截面上"关键环"第 4 部分直线段距三心拱下底边壁的垂直距离与三心拱下底边长的关系满足方程：

$$w_1 = 0.085w - 0.003 \tag{2-34}$$

式中，w 为三心拱下底边长，m；w_1 为第 4 部分直线段距三心拱下底边壁的垂直距离，m。

第 4 部分直线段长度与三心拱下底边长的关系满足方程：

$$w_2 = 0.532\,4w - 0.072\,8 \tag{2-35}$$

式中，w_2 为第 4 部分直线段长度，m。

③ 第 5 部分定量分析

从图 2-44 中可以看出,不同尺寸的三心拱形截面上"关键环"分布曲线中第 5 部分均为平滑曲线。下面定量分析不同尺寸三心拱形截面上"关键环"第 5 部分曲线方程的分布规律,找出其与三心拱下底边长的关系。

不同尺寸三心拱形截面上"关键环"第 5 部分曲线 x、y 取值范围分别为:

三心拱 1:$x[0.026 \text{ m},0.072 \text{ } 9 \text{ m}]$,$y[0.021 \text{ } 5 \text{ m},0.059 \text{ m}]$

三心拱 2:$x[0.048 \text{ m},0.169 \text{ m}]$,$y[0.039 \text{ m},0.125 \text{ m}]$

三心拱 3:$x[0.06 \text{ m},0.253 \text{ } 5 \text{ m}]$,$y[0.058 \text{ } 5 \text{ m},0.197 \text{ } 5 \text{ m}]$

三心拱 4:$x[0.09 \text{ m},0.276 \text{ m}]$,$y[0.086 \text{ } 7 \text{ m},0.233 \text{ } 3 \text{ m}]$

三心拱 5:$x[0.125 \text{ m},0.324 \text{ } 5 \text{ m}]$,$y[0.108 \text{ } 3 \text{ m},0.291 \text{ m}]$

不同尺寸三心拱形截面上"关键环"第 5 部分曲线拟合如图 2-49 所示。

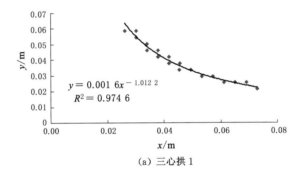

(a) 三心拱 1

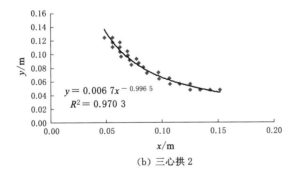

(b) 三心拱 2

图 2-49　三心拱形截面上"关键环"第 5 部分曲线拟合图

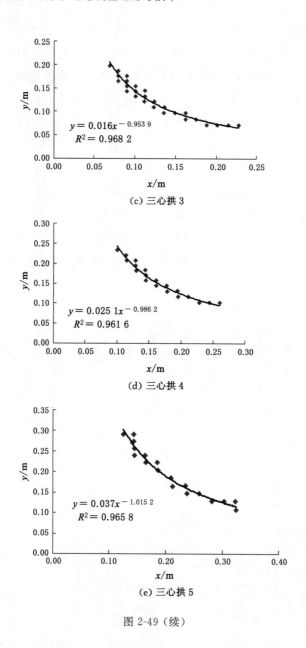

(c) 三心拱 3

(d) 三心拱 4

(e) 三心拱 5

图 2-49（续）

对图 2-49 中 5 种尺寸的三心拱形截面上"关键环"第 5 部分曲线拟合方程进行对比，三心拱下底边长及其对应的第 5 部分曲线方程如表 2-12 所示。

表 2-12 不同尺寸三心拱形截面上"关键环"第 5 部分曲线方程

三心拱下底边长 w/m	第 5 部分曲线方程
0.26	$y=0.001\ 6x^{-1.012\ 2}$
0.52	$y=0.006\ 7x^{-0.996\ 5}$
0.78	$y=0.016x^{-0.953\ 9}$
1.04	$y=0.025\ 1x^{-0.986\ 2}$
1.30	$y=0.037x^{-1.015\ 2}$

通过对表 2-12 中的曲线方程分析发现,不同尺寸三心拱形截面上"关键环"第 5 部分曲线方程符合以下通式:

$$y=B_1x^{-1} \tag{2-36}$$

系数 B_1 与三心拱下底边长 w 满足公式:

$$B_1=0.023\ 6w^{1.965} \tag{2-37}$$

因此,三心拱形截面上"关键环"第 5 部分曲线满足方程:

$$y=0.023\ 6w^{1.965}x^{-1} \tag{2-38}$$

式中,w 为三心拱下底边长,m;x 为三心拱形截面上"关键环"第 5 部分所对应的横坐标,m,并且 x 满足的区间为 $[0.221\ 9h-0.001\ 4,0.233\ 8w+0.036\ 4]$;$y$ 为三心拱形截面上"关键环"第 5 部分所对应的纵坐标,m。

④ 第 6 部分定量分析

从图 2-44 中可以看出,不同尺寸的三心拱形截面上"关键环"分布曲线中第 6 部分均为平滑的垂线。下面定量分析不同尺寸三心拱形截面上"关键环"第 6 部分垂线方程的规律,找出其与三心拱墙高的关系。

三心拱 1:坐标区域在 $x[0.02\ \text{m},0.028\ \text{m}]$,$y[0.058\ 6\ \text{m},0.109\ \text{m}]$ 的区间范围内,平均风速所在区域满足 $x=0.026\ 2\ \text{m}$;

三心拱 2:坐标区域在 $x[0.04\ \text{m},0.05\ \text{m}]$,$y[0.125\ \text{m},0.214\ 2\ \text{m}]$ 的区间范围内,平均风速所在区域满足 $x=0.048\ 9\ \text{m}$;

三心拱 3:坐标区域在 $x[0.05\ \text{m},0.07\ \text{m}]$,$y[0.197\ 5\ \text{m},0.313\ 1\ \text{m}]$ 的区间范围内,平均风速所在区域满足 $x=0.068\ 2\ \text{m}$;

三心拱 4:坐标区域在 $x[0.09\ \text{m},0.103\ \text{m}]$,$y[0.233\ 2\ \text{m},0.452\ 5\ \text{m}]$ 的区间范围内,平均风速所在区域满足 $x=0.1\ \text{m}$;

三心拱 5:坐标区域在 $x[0.11\ \text{m},0.13\ \text{m}]$,$y[0.29\ \text{m},0.551\ \text{m}]$ 的区间范

围内,平均风速所在区域满足 $x=0.126$ m。

三心拱形截面上"关键环"第 6 部分垂直直线段长度及其距三心拱形截面巷道左侧边壁的垂直距离与三心拱墙高如表 2-13 所示。

表 2-13　h 与 h_1、h_2 的取值

三心拱墙高 h/m	0.113	0.226	0.339	0.452	0.565
第 6 部分距三心拱左侧边壁垂直距离 h_1/m	0.026 2	0.048 9	0.068 2	0.100 0	0.126 0
第 6 部分直线段长度 h_2/m	0.050 4	0.089 2	0.115 6	0.219 3	0.261 0

通过对表 2-13 中的数据进行分析,三心拱形截面上"关键环"第 6 部分直线段距三心拱左侧边壁的垂直距离与三心拱墙高的关系以及第 6 部分直线段长度与三心拱墙高的关系如图 2-50 和图 2-51 所示。

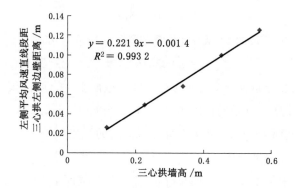

图 2-50　"关键环"第 6 部分直线段距三心拱左侧边壁的距离
与三心拱墙高的关系

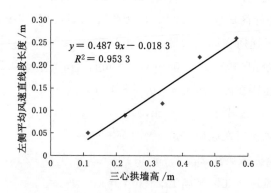

图 2-51　"关键环"第 6 部分直线段长度与三心拱墙高的关系

通过曲线拟合得出,三心拱形截面上"关键环"第 6 部分直线段距三心拱左侧边壁的垂直距离与三心拱墙高的关系满足方程:

$$h_1 = 0.221\,9h - 0.001\,4 \qquad (2\text{-}39)$$

式中,h 为三心拱墙高,m;h_1 为第 6 部分直线段距三心拱左侧边壁的垂直距离,m。

第 6 部分直线段长度与三心拱墙高的关系满足方程:

$$h_2 = 0.487\,9h - 0.018\,3 \qquad (2\text{-}40)$$

式中,h_2 为第 6 部分直线段长度,m。

⑤ 三心拱巷道内紊流充分发展处截面上"关键环"特征方程

综合以上分析可知,三心拱巷道内紊流充分发展处截面上"关键环"分布曲线满足的特征方程如表 2-14 所示。

表 2-14　三心拱形截面上"关键环"特征方程

分布区域	"关键环"分布特征方程	取值范围
1	$3.281\,9r_1^{-2}\left(x-\dfrac{w}{2}\right)^2 + 8.408r_1^{-1.84} \times (y-0.614\,2r_1+0.013\,8)^2 = 1$	$y \geqslant 0.993\,2h - 0.008\,7$
2	$x = w - 0.221\,9h + 0.001\,4$	$y \in [0.505\,3h+0.009\,6, 0.993\,2h-0.008\,7]$
3	$f(x) = 0.023\,6w^{1.965}(w-x)^{-1}$	$x \in [0.766\,2w-0.036\,4, w-0.221\,9h+0.001\,4]$
4	$f(x) = 0.085w - 0.003\,4$	$x \in [0.233\,8w+0.036\,4, 0.766\,2w-0.036\,4]$
5	$f(x) = 0.023\,6w^{1.965}x^{-1}$	$x \in [0.221\,9h-0.001\,4, 0.233\,8w+0.036\,4]$
6	$x = 0.221\,9h - 0.001\,4$	$y \in [0.505\,3h+0.009\,6, 0.993\,2h-0.008\,7]$

2.7.4　圆形截面巷道"关键环"分布规律定量分析

圆形巷道模型尺寸:半径分别为 110 mm、220 mm、330 mm、440 mm;巷道长分别为 8 m、16 m、24 m、32 m。分别分析 4 种不同尺寸下,圆形截面巷道内紊流充分发展处($x=5.6$ m、11.2 m、16.8 m、22.4 m)截面上"关键环"分布规律。将以上 4 种尺寸的圆形截面巷道模型分别称为圆形 1、圆形 2、圆形 3、圆形

4,所分析的紊流充分发展处截面分别为 L_1、L_2、L_3、L_4。如图 2-52 所示建立圆形截面坐标系。

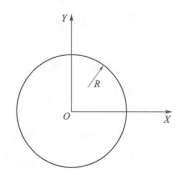

图 2-52　圆形截面坐标系(单位:m)

(1) 不同半径圆形截面巷道对其"关键环"分布的影响

分析不同通风风速下,不同半径的圆形巷道模型在紊流充分发展处截面上"关键环"的分布规律,如图 2-53 所示。

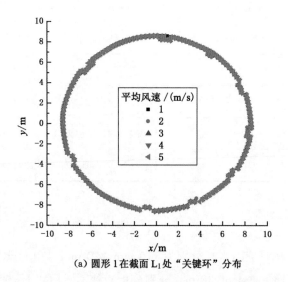

(a) 圆形 1 在截面 L_1 处"关键环"分布

图 2-53　圆形巷道在紊流充分发展处截面上"关键环"分布图

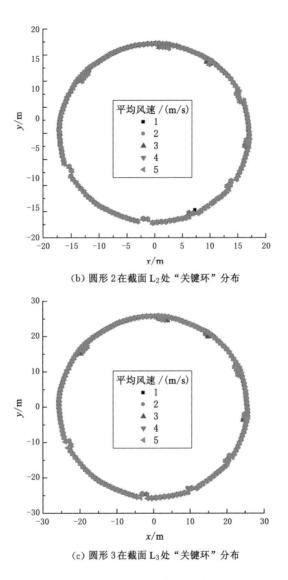

(b) 圆形 2 在截面 L₂ 处 "关键环" 分布

(c) 圆形 3 在截面 L₃ 处 "关键环" 分布

图 2-53（续）

从图 2-53 中可以看出，在巷道平均风速为 0.15～5 m/s 时，同一半径圆形巷道紊流充分发展处截面上"关键环"的分布曲线基本一致，说明圆形截面上"关键环"分布曲线与通风风速大小无关；并且"关键环"主要分布在靠近巷道边壁处，分布曲线接近圆形，说明巷道内紊流充分发展处截面上"关键环"的分布曲线与其所对应的截面形状有关。

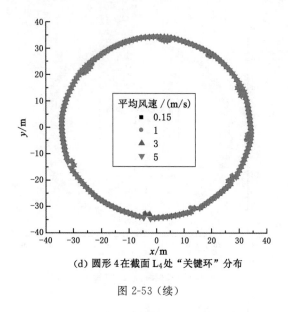

(d) 圆形 4 在截面 L_4 处"关键环"分布

图 2-53（续）

（2）圆形截面巷道"关键环"分布规律的定量分析

经过以上分析可知，不同半径圆形截面巷道内"关键环"分布曲线具有一定的规律性，因此，下面通过曲线拟合定量分析圆形截面巷道内"关键环"的分布规律及其与圆形截面半径的关系。不同半径圆形巷道内紊流充分发展处截面上"关键环"分布曲线拟合如图 2-54 所示。

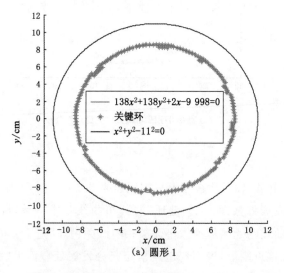

(a) 圆形 1

图 2-54　圆形巷道内紊流充分发展处截面上"关键环"曲线拟合图

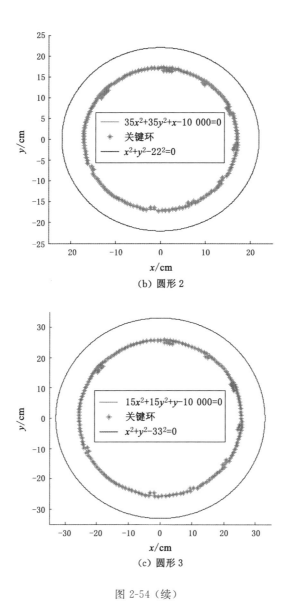

(b) 圆形 2

(c) 圆形 3

图 2-54（续）

　　通过以上曲线拟合发现，圆形巷道内紊流充分发展处截面上"关键环"的分布曲线均为圆形，其满足圆形方程的基本表达式。将不同半径的圆形截面上"关键环"的分布曲线与其所对应的圆形半径进行比较，如表 2-15 所示。

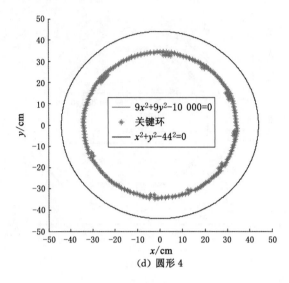

(d) 圆形 4

图 2-54（续）

表 2-15　不同半径圆形截面上"关键环"分布曲线表达式

圆形半径/m	"关键环"分布曲线表达式
$R=0.11$	$(x+0.000\ 072\ 46)^2+y^2=0.085\ 117^2$
$R=0.22$	$(x+0.000\ 142\ 857)^2+y^2=0.169^2$
$R=0.33$	$x^2+(y-0.000\ 333)^2=0.258\ 199^2$
$R=0.44$	$x^2+y^2=0.333\ 3^2$

通过对表 2-15 中的数据进行分析，不同尺寸圆形巷道截面半径与其紊流充分发展处截面上"关键环"半径的关系如图 2-55 所示。

通过曲线拟合得出，圆形截面半径与截面上"关键环"半径满足如下函数关系式：

$$y=0.757\ 95x+0.002\ 967 \tag{2-41}$$

圆形截面上"关键环"的特征方程为：

$$r=0.757\ 95R+0.002\ 967 \tag{2-42}$$

式中，r 为"关键环"半径，m；R 为圆形巷道横截面半径，m。

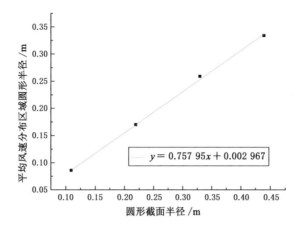

图 2-55　圆形截面半径与其"关键环"半径的关系

（3）圆形截面巷道内任意一点风速与平均风速的关系

根据流体力学理论，圆管内速度分布的幂函数经验公式为[126]：

$$\frac{V}{V_{\max}} = \left(\frac{r'}{R}\right)^n \tag{2-43}$$

式中，V 为圆管内任一点速度，m/s；$V_{\max}$ 为圆管内最大速度，m/s；r' 为圆管内任一点距圆心的距离，m；R 为圆管半径，m；指数 n 与 Re 的关系见表 2-16。

表 2-16　指数 n 与 Re 的关系

Re	4×10^3	1×10^5	1×10^6	$\geqslant 2 \times 10^6$
n	1/6	1/7	1/9	1/10

公式(2-43)反映了圆管内任意一点速度和最大速度的关系，但是最大速度点的位置及其取值仍未知。下面根据数值模拟的结果分析圆形截面巷道内任意一点风速和平均风速之间的关系，以便科学、简便地对平均风速值进行求取。

由于圆形截面为轴对称图形，截面上任意一点的坐标及风速值亦符合轴对称的性质，因此提取圆形截面中轴线上的风速值进行研究。以圆形 1 为例，分析不同风速下同一中轴线上的风速分布规律，如图 2-56 所示。

从图 2-56 中可以看出，平均风速越大，中轴线上风速分布曲线越陡峭，平均风速越小，中轴线上风速分布曲线越平滑。下面对不同平均风速下中轴线上风速的分布曲线进行进一步的定量分析，拟合曲线如图 2-57 所示。

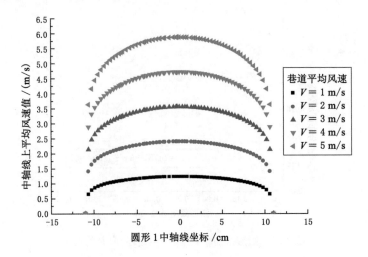

图 2-56　不同风速下圆形 1 在 $x＝5.6$ m 处中轴线上风速分布图

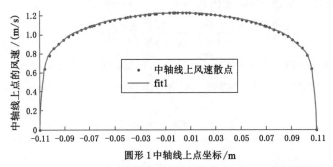

(a) $v＝1$ m/s、$R＝110$ mm 圆形截面在 $x＝5.6$ m 处中轴线上风速分布

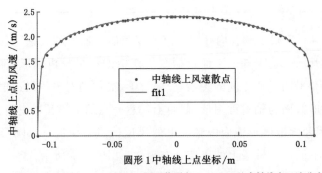

(b) $v＝2$ m/s、$R＝110$ mm 圆形截面在 $x＝5.6$ m 处中轴线上风速分布

图 2-57　圆形 1 中轴线上风速分布曲线拟合图

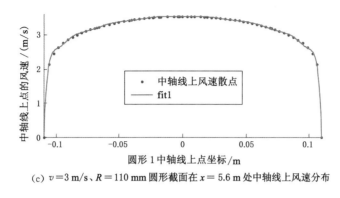

(c) $v=3$ m/s、$R=110$ mm 圆形截面在 $x=5.6$ m 处中轴线上风速分布

图 2-57（续）

通过对 5 种通风风速下圆形截面中轴线上风速分布的函数表达式进行对比分析,发现不同平均速度下圆形截面中轴线上某点的速度与其距圆心的距离可用以下通用公式表达:

$$f(x)=\sum_{i=0}^{8}\left[(-1)^{i+1}C_i\cos(4.76ix)+(-1)^{i+1}E_i\sin(4.76ix)\right] \quad (2\text{-}44)$$

式中,x 为圆形截面中轴线上某点距圆心的距离,m;$f(x)$ 为圆形截面中轴线上该点的风速值,m/s;C_i,E_i 的值随着平均风速值的变化而变化,不同平均风速下,C_i 与 E_i 的值如表 2-17 所示。

表 2-17 不同平均风速下 C_i 与 E_i 的值

i	$v=1$ m/s		$v=2$ m/s		$v=3$ m/s		$v=4$ m/s		$v=5$ m/s	
	C_i	E_i	C_i	E_i	C_i	E_i	C_i	E_i	C_i	E_i
0	1.307×10^{11}	0	3.373×10^{11}	0	5.24×10^{11}	0	7.126×10^{11}	0	9.051×10^{11}	0
1	2.332×10^{11}	5.514×10^{7}	6.02×10^{11}	1.423×10^{8}	9.352×10^{11}	2.06×10^{8}	1.272×10^{12}	2.681×10^{8}	1.615×10^{12}	3.45×10^{8}
2	1.652×10^{11}	7.83×10^{7}	4.264×10^{11}	2.021×10^{8}	6.624×10^{11}	2.926×10^{8}	9.009×10^{11}	3.806×10^{8}	1.144×10^{12}	4.899×10^{8}
3	9.191×10^{10}	6.559×10^{7}	2.373×10^{11}	1.693×10^{8}	3.686×10^{11}	2.451×10^{8}	5.012×10^{11}	3.189×10^{8}	6.366×10^{11}	4.104×10^{8}
4	3.937×10^{10}	3.767×10^{7}	1.016×10^{11}	9.718×10^{7}	1.579×10^{11}	1.408×10^{8}	2.147×10^{11}	1.831×10^{8}	2.727×10^{11}	2.357×10^{8}
5	1.255×10^{10}	1.512×10^{7}	3.241×10^{10}	3.899×10^{7}	5.035×10^{10}	5.65×10^{7}	6.847×10^{10}	7.349×10^{7}	8.697×10^{10}	9.461×10^{7}
6	2.81×10^{9}	4.098×10^{6}	7.256×10^{9}	1.056×10^{7}	1.127×10^{10}	1.531×10^{7}	1.533×10^{10}	1.991×10^{7}	1.947×10^{10}	2.564×10^{7}
7	3.945×10^{8}	6.783×10^{5}	1.019×10^{9}	1.748×10^{6}	1.583×10^{9}	2.534×10^{6}	2.153×10^{9}	3.296×10^{6}	2.735×10^{9}	4.244×10^{6}
8	2.618×10^{7}	5.207×10^{4}	6.764×10^{7}	1.341×10^{5}	1.051×10^{8}	1.945×10^{5}	1.429×10^{8}	2.53×10^{5}	1.815×10^{8}	3.258×10^{5}

根据表 2-17 中的数据,将平均风速值与其所对应的 C_i 与 E_i 值分别进行对比分析,得出圆形截面上平均风速值 $\bar{v}$ 与 C_i、E_i 值的数学关系如表 2-18 所示。

表 2-18 平均风速与 C_i 与 E_i 的数学关系

i	$\bar{v}$ 与 C_i	$\bar{v}$ 与 E_i
0	$C_0 = 2 \times 10^{11} \bar{v} - 6 \times 10^{10}$	
1	$C_1 = 3 \times 10^{11} \bar{v} - 1 \times 10^{11}$	$E_1 = 7 \times 10^7 \bar{v} - 8 \times 10^6$
2	$C_2 = 2 \times 10^{11} \bar{v} - 7 \times 10^{10}$	$E_2 = 1 \times 10^8 \bar{v} - 1 \times 10^7$
3	$C_3 = 1 \times 10^{11} \bar{v} - 4 \times 10^{10}$	$E_3 = 8 \times 10^7 \bar{v} - 1 \times 10^7$
4	$C_4 = 6 \times 10^{10} \bar{v} - 2 \times 10^{10}$	$E_4 = 5 \times 10^7 \bar{v} - 6 \times 10^6$
5	$C_5 = 2 \times 10^{10} \bar{v} - 5 \times 10^9$	$E_5 = 2 \times 10^7 \bar{v} - 2 \times 10^6$
6	$C_6 = 4 \times 10^9 \bar{v} - 1 \times 10^9$	$E_6 = 5 \times 10^6 \bar{v} - 626\ 600$
7	$C_7 = 6 \times 10^8 \bar{v} - 2 \times 10^8$	$E_7 = 867\ 940 \bar{v} - 103\ 760$
8	$C_8 = 4 \times 10^7 \bar{v} - 1 \times 10^7$	$E_8 = 66\ 636 \bar{v} - 8\ 014$

根据以上分析,将表 2-18 中 C_i 与 E_i 的数学表达式代入公式(2-44)中,便可得出圆形截面上任一点的风速值与其所在截面上平均风速值的关系。

2.8 本章小结

本章针对目前矿井巷道内平均风速、风量测量的不精确性以及前人对巷道内平均风速分布及测量方法的研究较少等不足,展开了对矿井常见的 4 种形状巷道——正方形、梯形、三心拱形以及圆形巷道内通风的数值模拟研究,同时搭建了小型的巷道通风实验系统,对所采用的数值模拟方法进行了实验验证;提出了风流分布的"特征环"和"关键环"的概念,并重点对"关键环"的分布规律进行了定量分析。

基于井下风流的流动状态,并根据流体力学的相似理论,设计并建立了正方形、梯形、三心拱形以及圆形 4 种截面的小型巷道物理模型,利用 CFD 软件模拟了正常通风时期巷道的风流分布状态,同时建立了与数值模拟物理模型尺寸相一致的小型通风实验系统,测量了正常通风时期不同截面形状巷道内紊流充分发展处截面上的风速分布值,并对实验测得的截面上的风速分布规律进行了分析,结果表明:不同形状巷道内截面上风速分布曲线均为与截面形状相关的环状;风速值在中心速度最大,由中心向边壁逐渐减小;不同风速下平均风速的分布区域均在靠近巷道边壁的位置,并且在大于平均风速值的环状区域风速值比较稳定,而在小于平均风速值的环状区域,越靠近边壁风速值降低越快;提出了风流分布的"特征环"和"关键环"的概念。同时,将"关键环"的数值模拟结果和实验结果进行对比分析,结果表明:采用的矿井巷道通风数值模拟方法具有较好的准确性,可用于巷道截面上风流分布规律分析,并且根据尺寸效应,可以更精确地计算真实巷道内"关键环"的分布规律。

通过对正方形、梯形、三心拱形以及圆形巷道内风流分布的数值模拟结果进行定性和定量分析,并着重对巷道内紊流充分发展处截面上风速分布的"关键环"进行了分析,结果表明:巷道内紊流充分发展处截面上"关键环"的分布规律与巷道内通风风速无关,而与截面形状有关;同一巷道内不同通风风速下紊流充分发展处截面上"关键环"的分布曲线是一致的;分别得出了正方形截面、梯形截面、三心拱形截面以及圆形截面巷道内紊流充分发展处截面上"关键环"分布曲线与其所对应的截面尺寸之间的特征方程;得出了圆形巷道紊流充分发展处截面上任意一点风速和截面上平均风速之间的数学表达式。

3   不规则截面巷道"特征环"和"关键环"分布规律

本章通过对不规则三心拱巷道的不规则度进行量化和理想化的处理,采用数值模拟的方法分析了与真实巷道尺寸相一致的三心拱形截面巷道在其紊流充分发展处的凸凹体对截面上"特征环"和"关键环"分布的影响及"特征环"和"关键环"的分布规律。

3.1   概述

井下实际的巷道截面多为不规则形状,由于条件限制,很难做出不规则截面的巷道模型,无法实现用实验手段获得不规则截面巷道内风流的分布规律,并且在实际矿井巷道中进行风流分布测量实验,特别是火灾期间的风流分布测量实验比较困难。在第 2 章中已通过实验手段证实了数值模拟计算方法的准确性,因此,本章拟通过数值模拟的手段分析不同风速下真实不规则截面巷道内"特征环"和"关键环"的分布情况。

3.2   不规则截面巷道风流分布数值模拟

矿井通风的目的主要是给井下提供新鲜风流,同时稀释有毒有害气体。由于井下主要水平巷道内的瓦斯和煤尘的浓度已经经过一定时间和距离的稀释,所以在 Fluent 模型建立中忽略了瓦斯和煤尘与风流的相互扩散和热交换,其物理模型可以简单描述为风流沿着巷道的运移过程,而且井下巷道截面多为不规则形状,较难在实验室中建立模型。因此,本章主要采用数值模拟的方法对不规则截面巷道内风流的分布规律展开研究。按照井下实际通风巷道建立三维数值分析模型,巷道截面为三心拱形,巷道长度为 100 m,截面尺寸为宽 4.6 m、墙高 2 m、拱高 1.5 m,具体截面尺寸如图 3-1 所示。根据公式(2-7)得出该截面的水力直径 $d=3.448$ m;当风速值为 0.15 m/s 时,根据公式(2-2)得出雷

诺数 $Re=35\,917$,大于临界雷诺数 $2\,320$,风流为紊流,符合对井下风流状态的要求,并且根据紊流充分发展长度公式(2-8)计算出该巷道风流紊流充分发展长度为 $86.2\,m$。因此,在该模型中对距离风流进口处 $86.2\,m$ 以后的截面进行分析。

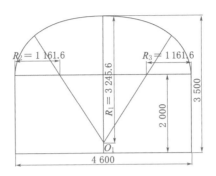

图 3-1　三心拱巷道截面尺寸图

　　同时,在井下实际巷道中,巷道壁面均有一定的不规则度,多数为欠挖和超挖的情况。因此,在建立巷道模型时,为了便于分析不规则度对巷道"特征环"和"关键环"的影响,将壁面不规则度的模块进行量化和理想化的处理,选择半径分别为 $100\,mm$、$200\,mm$、$300\,mm$、$400\,mm$、$500\,mm$、$600\,mm$ 的 6 种半圆凸凹体体现巷道壁面的不规则状态,凸凹体设置在巷道紊流充分发展处($x=88\,m$)截面上,分别在三心拱侧边壁的顶部、中部及底部(分别称为位置 1、位置 2、位置 3)。不规则巷道模型及不同半径凸凹体在 $x=88\,m$ 处截面剖面图如图 3-2、图 3-3 所示。

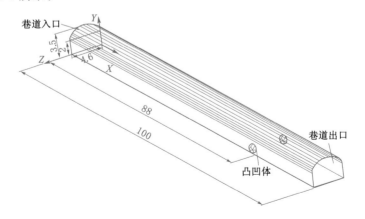

图 3-2　不规则巷道模型(单位:m)

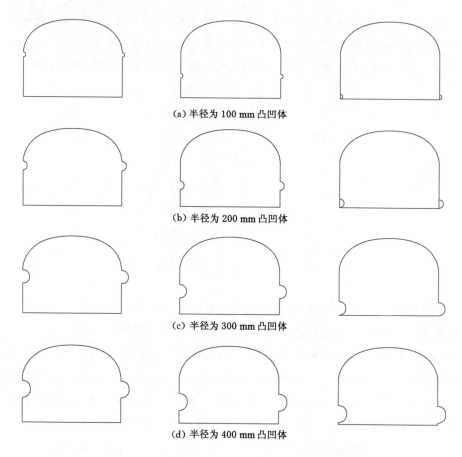

(a) 半径为 100 mm 凸凹体

(b) 半径为 200 mm 凸凹体

(c) 半径为 300 mm 凸凹体

(d) 半径为 400 mm 凸凹体

图 3-3　不同半径凸凹体在 $x=88$ m 处截面剖面图

数值模拟计算中采用标准 $\kappa\text{-}\varepsilon$ 方程计算流体的湍流流动。在计算过程中没有考虑风流的热交换以及重力的作用，并且采取了一定的假设：空气为不可压缩；巷道内无相关的工作人员、杂物堆放和运输车辆等障碍物；巷道壁面绝热，没有质量通量和热通量通过，且忽略了瓦斯、煤尘和炮烟的影响。其中边界条件设置如下：巷道风流进口采用速度进口边界条件，巷道风流出口采用压力出口边界条件。

具体的模拟参数设定如下：由于在第 2 章中已经证实巷道内紊流充分发展处截面上"关键环"分布曲线与巷道通风风速大小没有关系，同时根据《煤矿安全规程》的要求，井下采区回风巷道允许的风速为 0.15～8 m/s，因此在模拟中选择有代表性的 3 个风速：0.15 m/s、2 m/s、8 m/s。巷道进口处的风速分别为

0.15 m/s、2 m/s、8 m/s,巷道出口处的相对压力为 0 Pa,由此模拟计算在风速分别为 0.15 m/s、2 m/s、8 m/s 工况下巷道内紊流充分发展段不规则截面上风速的分布规律。

为了将不规则截面与规则截面的速度分布规律进行对比,对于规则三心拱形截面也同样进行了数值模拟,计算方法及边界条件设置与上述相一致,不同的是其物理模型在不规则截面巷道模型的基础上去掉了凸凹体部分,如图 3-4 所示。

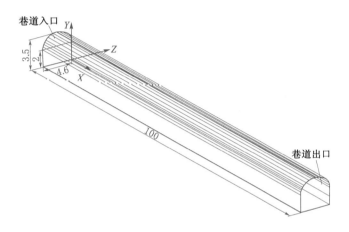

图 3-4 规则三心拱形截面巷道物理模型(单位:m)

3.3 不规则截面巷道内部"特征环"分布规律

井下实际巷道截面多为不规则形状,且目前对于井下风速传感器的放置位置,相关标准并没有定量化的规定,而多数矿井中风速传感器的放置位置并不能准确测得巷道截面的平均风速,因此,研究不规则度对巷道截面上"特征环"和"关键环"的影响,对于风速传感器的放置位置以及风速、风量在线监测系统的优化具有非常重要的指导意义。

3.3.1 凸凹体位置对截面上"特征环"分布的影响

当巷道为不规则形状时,凸凹体的存在对巷道内风流会有一定的扰动,其截面上"特征环"的分布会发生一定的变化。由第 2 章的分析可知,巷道内

矿井巷道风流状态"关键环"动态测量理论与技术

截面上"特征环"分布与其截面形状有关,三心拱形截面上"特征环"分布为近似于椭圆形的环。下面对有凸凹体存在时,三心拱形截面上风速分布云图进行分析。

首先分析不同凸凹体位置对"特征环"的影响。由于井下水平大巷内的风速一般介于 1.5～5 m/s 之间,因此选取通风风速为 2 m/s、凸凹体半径为 200 mm 工况下 $x=88$ m 处截面进行分析,如图 3-5 所示。

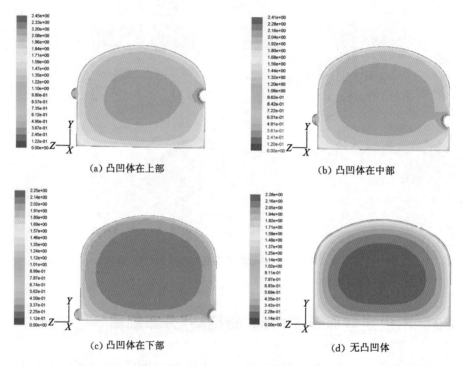

(a) 凸凹体在上部   (b) 凸凹体在中部

(c) 凸凹体在下部   (d) 无凸凹体

图 3-5　2 m/s 风速下半径 200 mm 凸凹体在不同位置的截面风速分布图($x=88$ m)

从图 3-5 可以看出,在同一紊流充分发展处,截面上凹体内的风速值很小,且未破坏其附近的"特征环"分布,因此可以认为凹体对截面上"特征环"的分布不产生影响。当凸体存在时,截面上"特征环"的整体环状几乎未发生变化,但是"特征环"由截面中心向巷道边壁的速度梯度发生了变化,截面中心的最大速度低于无凸体时的最大速度。凸体附近的"特征环"发生了变形,并且"特征环"的变形随着凸体位置的变化而变化,即凸体在位置 1[图中(a)]及位置 2[图中(b)]时对风流的影响大于其在位置 3[图中(c)]时对风流的影响,可以认为是由于巷道边壁底部的凸体与"特征环"中心的距离大于中部和上部的凸体与中心的距离,所以除位置 3 以外的凸体更容易影响截面上风流的分布。

其次,在凸体壁面处出现了整个截面上的最高风速,这与飞机机翼产生升力的原理较类似。机翼横断面(横向剖面)呈顶部弯曲、底部相对较平的形状。机翼在空气中穿过将气流分隔开来,一部分空气从机翼上方流过,另一部分从机翼下方流过,流过机翼上表面的气流类似于较窄地方的流水,流速较快,而流过机翼下表面的气流正好相反,类似于较宽地方的流水,流速较上表面的气流慢。根据伯努利定律,流体的动压与静压之和是一个常数——总压,动压越大,静压就越小;动压越小,静压就越大。由于动压与速度的平方成正比,因此速度越大,动压也就越大。这样机翼下表面的压强就比上表面的压强高,二者的压力差便形成了飞机的升力。而巷道截面上凸体的横向剖面与飞机机翼的横断面相类似,因此,其表面风流的速度分布就可用飞机机翼上表面气流的速度分布特点来解释。

3.3.2 凸凹体尺寸对截面上"特征环"分布的影响

由上节分析的凸体位置对截面上"特征环"分布的影响可知,距截面上"特征环"中心较近的凸体对"特征环"分布的影响较大。而由于井下的环境是多变的,巷道不规则度以及障碍物的尺寸也是不均一的,因此,本节研究凸体在位置 1 时,不同尺寸的凸体对巷道内风流分布的影响,依然选取通风风速为 2 m/s 工况下 $x = 88$ m 处截面进行分析,如图 3-6 所示。

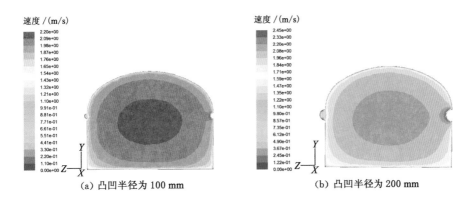

(a) 凸凹半径为 100 mm   (b) 凸凹半径为 200 mm

图 3-6　2 m/s 风速下不同尺寸凸凹体在位置 1 的截面风速分布图($x = 88$ m)

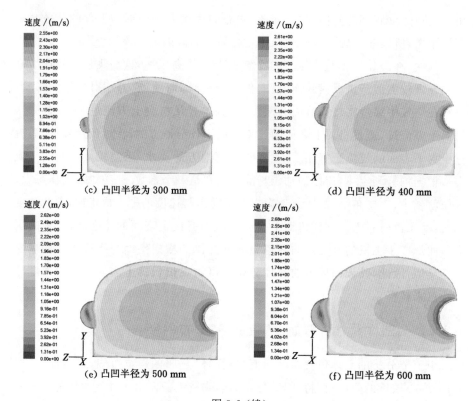

(c) 凸凹半径为 300 mm

(d) 凸凹半径为 400 mm

(e) 凸凹半径为 500 mm

(f) 凸凹半径为 600 mm

图 3-6（续）

从图 3-6 可以看出，不同尺寸的凸体均出现了凸体壁面处风速值较高的现象，并且在同一通风风速下随着凸体尺寸的增加，凸体表面的最大风速值也在不断升高，说明飞机机翼的速度效应越来越明显。半径为 100 mm 凸体对其附近"特征环"影响较小，而随着凸体尺寸越来越大，截面上"特征环"逐渐发生了变形，由最初的凸体附近的变形逐渐波及整个环的变形。由此可见，在紊流充分发展处截面上"特征环"的分布受凸体尺寸的影响较大。

3.3.3 通风风速对凸凹体截面上"特征环"分布的影响

在上两节中讨论了不同的凸体位置及尺寸对截面上"特征环"分布的影响。而井下巷道内的通风风速是不均一的，不同的通风风速对于不规则截面上"特征环"分布也有一定的作用。对于井下巷道壁面的不规则度来说，一般凸起部分的半径为 100 mm 左右比较符合实际，因此本节选择半径为 100 mm 的凸体在位置 1 的情况下，不同通风风速对截面上"特征环"的分布规律的影响，如图 3-7 所示。

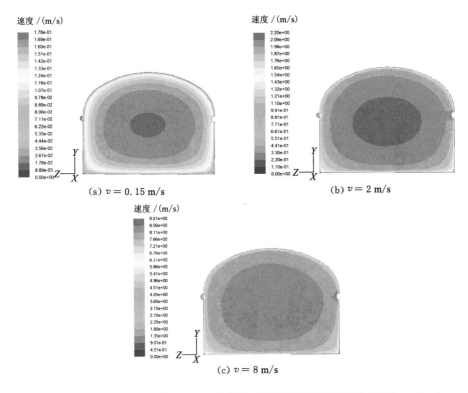

图 3-7 在不同风速下半径 100 mm 凸凹体在位置 1 的截面风速分布图(x＝88 m)

从图 3-7 中可以看出,在半径为 100 mm 的凸体存在的情况下,当巷道通风风速为 0.15 m/s 时,凸体对整个截面上"特征环"的分布曲线几乎没有影响;而当通风风速为 2 m/s 和 8 m/s 时,凸体附近的"特征环"分布曲线受到一定的扰动。这说明巷道内通风风速越大,紊流充分发展处凸体附近的"特征环"分布曲线受的扰动越大。同时可以看出,通风风速越大,"特征环"速度梯度越小,即速度分布越均匀。

3.3.4 凸凹体对截面上"特征环"速度梯度的影响

由上几节的分析可知,凸体的存在对"特征环"的速度梯度有一定的影响,下面进一步定量分析凸体存在时,不同的凸体尺寸及通风风速对截面上"特征环"速度梯度变化的影响。通过对以上速度云图的分析,在凸体存在的情况下,风速分布的"特征环"依然为与三心拱形相似的环状,因此可以认为,巷道截面中轴线上的速度梯度变化,能够近似地代表"特征环"的速度梯度变化。在不同通风风速及不同凸凹体尺寸和位置情况下,三心拱形截面中轴线上的速度分布,如图 3-8 所示。

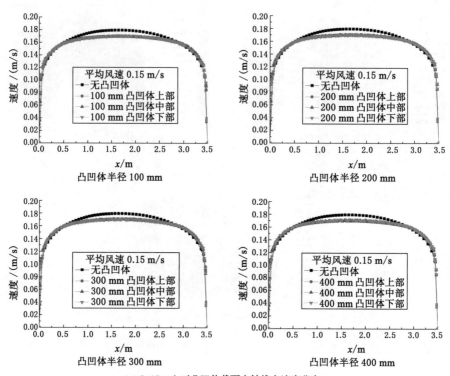

（a）0.15 m/s 时凸凹体截面中轴线上速度分布

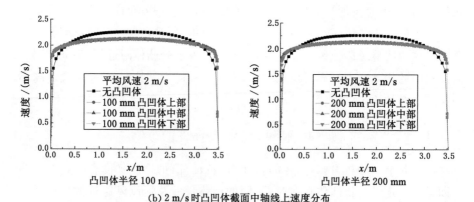

（b）2 m/s 时凸凹体截面中轴线上速度分布

图 3-8　不同风速及不同凸凹体尺寸和位置下截面中轴线上速度分布图

（$x=88$ m,$z=2.3$ m）

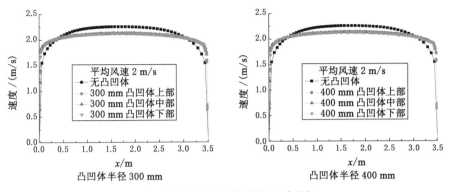

(b) 2 m/s 时凸凹体截面中轴线上速度分布

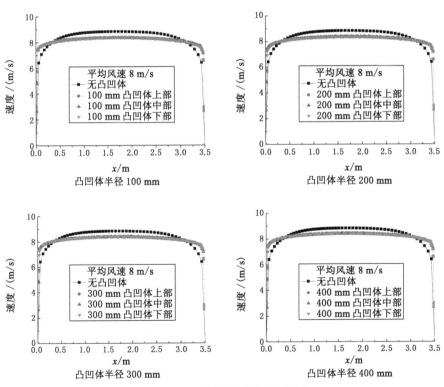

(c) 8 m/s 时凸凹体截面中轴线上速度分布

图 3-8（续）

　　为了便于分析,将以上凸凹体截面中轴线上速度分布曲线分为两个区域,即以无凸体和有凸体时中轴线上速度分布曲线的交点为分界点,将中轴线上的速度分布曲线分为"稳定区"和"过渡区"。下面以通风风速为 2 m/s、凸凹体半径为 400 mm 情况下中轴线上的速度分区为例进行说明,如图 3-9 所示。

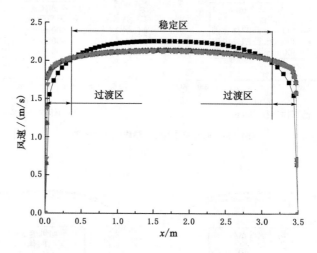

图 3-9　三心拱形截面中轴线上速度分区图

　　将图 3-9 与图 3-8 对照可以看出,在通风风速为 0.15~8 m/s 时,凸凹体截面中轴线上"稳定区"内的风速值均小于无凸凹体时中轴线上"稳定区"的风速值,并且通风风速值越大,"稳定区"的风速分布曲线越平稳,且越接近平均风速值;而"过渡区"的风速值均大于或等于无凸凹体时"过渡区"的风速值,并且通风风速值越大,"过渡区"的风速分布曲线越陡峭。同时可以看出,凸凹体的尺寸及位置对中轴线上的速度分布几乎没有影响,说明只要有凸凹体存在,截面上的风速分布就会发生变化,并且这种变化随着通风风速的增加而改变:通风风速越大,中轴线上速度分布区域中"稳定区"的范围越大,且速度分布越均匀、越接近平均风速值;而"过渡区"的范围越小,且速度分布越陡峭;并且"稳定区"和"过渡区"之间的分界点风速值与其所对应的截面上平均风速值非常接近。因此可得出以下结论:当巷道截面有凸体存在时,"关键环"以内的"特征环"的速度值均小于无凸体时的"特征环"速度值,并且通风风速越大,"关键环"以内"特征环"的速度梯度越小,即速度分布越平稳且越接近平均风速值;而"关键环"以外的"特征环"的速度值均大于无凸体时的"特征环"速度值,并且通风风速越大,"关键环"以外"特征环"的速度梯度越大,即速度分布越陡峭。

3.4 不规则三心拱形截面"关键环"分布规律

由以上分析可知,凸体的存在对巷道截面上"特征环"的分布规律产生了一定的影响,而不规则截面上"关键环"的分布规律对于真实巷道内截面上平均风速及风量的准确测量具有非常重要的指导意义。因此,本节中重点分析不规则截面上"关键环"的分布规律及影响因素。

在第 2 章中已经得出结论,同一截面上"关键环"的分布规律与通风风速无关,即不同通风风速下同一截面上"关键环"的分布区域是一致的。下面分别将不同通风风速下不同尺寸凸体截面上"关键环"分布区域与规则截面上"关键环"分布区域进行对比分析,如图 3-10～图 3-14 所示。

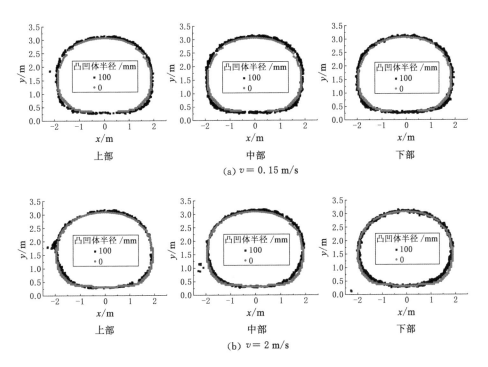

图 3-10 不同通风风速下半径 100 mm 凸凹体截面
与无凸凹体截面上"关键环"分布图($x=88$ m)

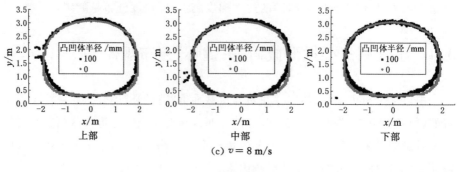

图 3-10（续）

（1）半径为 100 mm 凸凹体

从图 3-10 中可以看出，当不规则巷道凸体半径为 100 mm 时，整体来说其截面上"关键环"分布区域与无凸凹体时截面上"关键环"分布区域几乎一致，说明半径为 100 mm 凸体的位置及通风风速对截面上"关键环"的分布区域没有影响，即可以认为不规则截面上"关键环"分布规律依然符合同尺寸规则三心拱形截面上"关键环"分布规律。但是凸体附近区域的"关键环"的分布会受到影响，具体可描述为：0.15 m/s 风速下，"关键环"分布未受到破坏；2 m/s 风速下，凸体在位置 1 时"关键环"分布受到了微小的影响；8 m/s 风速下，凸体在位置 1 时凸体附近的"关键环"受到了明显的影响，出现了小缺口。

（2）半径为 200 mm 凸凹体

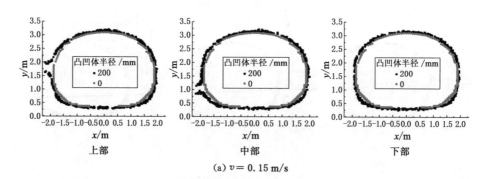

图 3-11　不同通风风速下半径 200 mm 凸凹体截面

与无凸凹体截面上"关键环"分布图（$x=88$ m）

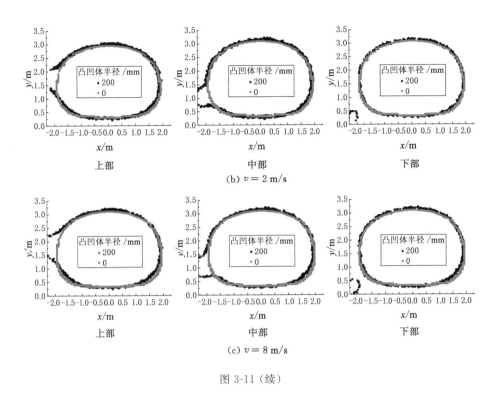

图 3-11（续）

从图 3-11 中可以看出，在凸体半径为 200 mm 时，巷道内紊流充分发展处截面上"关键环"的分布区域依然与其雷诺数没有关系，且符合同尺寸规则三心拱形截面上"关键环"的分布规律。同样，凸体附近区域的"关键环"的分布会受到影响，具体可描述如下：0.15 m/s 风速下，凸体在位置 3 时，"关键环"分布未受到破坏，凸体在位置 1 和位置 2 时，"关键环"均出现了缺口；而 2 m/s 和 8 m/s 风速下，"关键环"分布与 0.15 m/s 风速下相一致。同时可以看出，对于同一位置的凸体，通风风速越大，"关键环"分布区域出现的缺口越大；对于同一通风风速，凸体在位置 1 时，"关键环"分布区域的缺口稍大于凸体在位置 2 时的缺口，这可能是由于凸体在位置 1 时离"关键环"分布曲线更近一些，所以对其影响也就大一些。

（3）半径为 300 mm 凸凹体

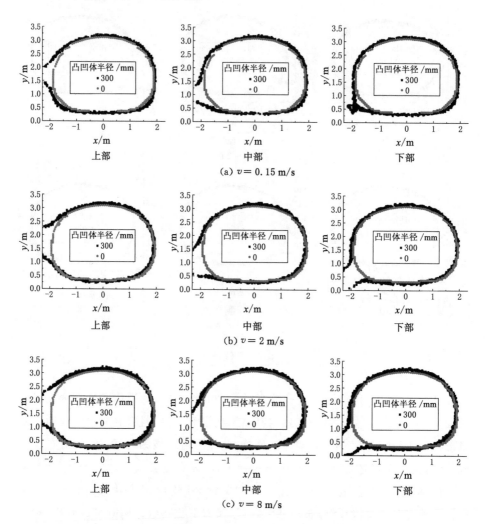

图 3-12　不同通风风速下半径 300 mm 凸凹体截面
与无凸凹体截面上"关键环"分布图（$x=88$ m）

从图 3-12 中可以看出，在凸体半径为 300 mm 时，截面上"关键环"分布规律与凸体半径为 100 mm 及 200 mm 时相类似，不同的是凸体在位置 3 时，"关键环"在凸体附近区域出现了变形和缺口，这可能是由于半径为 300 mm 凸体的尺寸大于使"关键环"分布产生变化的凸体尺寸临界值。

（4）半径为 400 mm 凸凹体

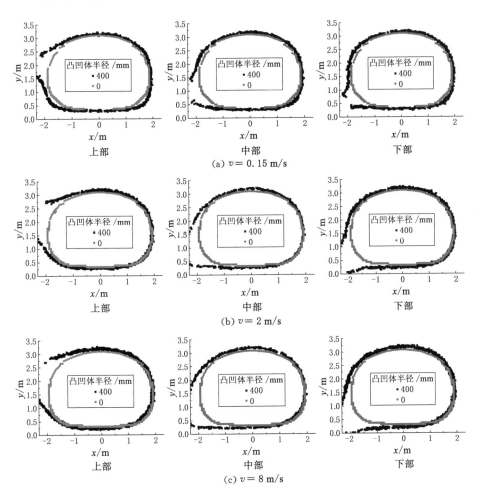

图 3-13 不同通风风速下半径 400 mm 凸凹体截面上

与无凸凹体截面"关键环"分布图($x=88$ m)

从图 3-13 中可以看出,在凸体半径为 400 mm 时,截面上"关键环"分布规律与凸体半径为 300 mm 时相类似,此时凸体所在位置的另外一侧依然符合规则三心拱形截面上"关键环"的分布规律。

通过以上分析发现,当凸体在三心拱形截面上位置 1 时,对风速分布"关键环"的影响较大,因此,下面只分析凸体在位置 1 时对"关键环"分布的影响。凸体半径为 500 mm 和 600 mm 时,巷道内紊流充分发展处截面上"关键环"分布规律如图 3-14 所示。

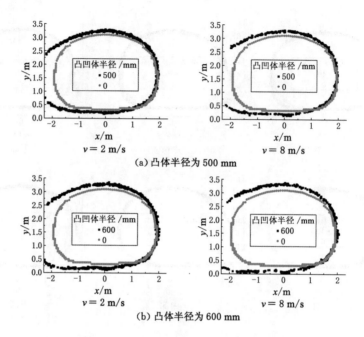

图 3-14　半径为 500 mm、600 mm 凸凹体截面与

无凸凹体截面上"关键环"分布图(x＝88 m)

从图 3-14 中可以看出,当凸体半径为 500 mm 和 600 mm 时,其对"关键环"分布规律的影响与前述 4 种凸体半径的影响相似,均是凸体半径越大、通风风速越大,"关键环"的分布在凸体附近的缺口就越大。但是在这两种凸体尺寸下与无凸体时相比,"关键环"的顶部与下部均发生了明显的变形,此时凸体所在位置另一侧的"关键环"已不符合无凸体时"关键环"的分布规律。

综合以上 6 种尺寸凸体下巷道内紊流充分发展处截面上"关键环"分布规律分析,可得出如下结论:凸体在位置 1,凸体半径小于 100 mm 且通风风速小于 2 m/s 时,截面上"关键环"分布曲线不会受到影响,依然符合规则三心拱形截面上"关键环"分布规律;凸体半径等于 100 mm 且通风风速大于等于 2 m/s 时,截面上"关键环"分布曲线开始受到影响;凸体半径大于 100 mm 且通风风速大于等于 0.15 m/s 时,截面上"关键环"分布曲线均受到了明显影响。凸体在位置 2,凸体半径小于等于 100 mm 时,截面上"关键环"分布曲线均未受到影响;凸体半径大于等于 200 mm 时,截面上"关键环"分布曲线均受到了影响,在凸体附近出现了明显的缺口。凸体在位置3,凸体半径小于等于200 mm时,截面上"关键环"分布曲线未受到影响;凸体半径大于等于300 mm时,截面上"关键环"分布曲线均受到了影响。同时,对于截面上"关键环"的分布受到影响的情况来说,凸体尺寸越大、通风风速越大,"关键环"在凸体附近的缺口越大。当凸体半径小于等于400 mm时,凸体所在位置另一侧的"关键环"依然符合无凸体时"关键环"分布规律;当凸体半径大于400 mm时,凸体所在位置另一侧的"关键环"不符合无凸体时"关键环"分布规律。

"关键环"分布曲线发生破坏的过程可描述如下:当达到使不规则截面上"关键环"分布曲线(椭圆)开始变形的临界凸体尺寸和通风风速时,"关键环"分布曲线(椭圆)在凸体附近区域开始发生变形,先是向着凸体位置向外扩张,使椭圆的面积增大,但是并未发生断裂,仍然是封闭的曲线;然后随着凸体尺寸的增加以及通风风速的加大,曲线开始断裂并且扩张的范围越来越大,即裂缝越来越大。

3.5　本章小结

根据井下巷道的特点,本章分析了不规则三心拱巷道的不规则度对巷道内"特征环"分布规律及"关键环"分布的影响,得出了不规则巷道内"特征环"的分布规律以及"关键环"分布曲线的破坏规律。

本章首先将巷道的不规则度进行了量化和理想化的处理,分析了半径分别为100 mm、200 mm、300 mm、400 mm、500 mm、600 mm的半球形凸凹体放置在巷道内不同位置时对截面上"特征环"分布的影响。结果表明:凹体内的风速非常小,可以认为其对截面上"特征环"的分布几乎没有影响。当巷道内有凸体存在时,截面上未被凸体影响区域的"特征环"的整体环形几乎未发生变化,但是"特征环"由截面中心向巷道边壁的速度梯度发生了变化,"关键环"以内的"特征环"速度值均小于无凸体时的"特征环"速度值,并且通风风速越大,"关键环"以内的"特征环"的速度梯度越小,即风速分布越平稳且越接近平均风速值;而"关键环"以外的"特征环"速度值均大于无凸体时的"特征环"速度值,并且通风风速越大,"关键环"以外的"特征环"的速度梯度越大,即速度分布越陡峭。在受到凸体影响的区域,凸体附近的"特征环"发生了变形,"特征环"的变形程度随着凸体尺寸的增加而加大。同时,凸体的存在会使其表面风流的速度增加,并且在凸体壁面处出现了整个截面上的最高风速,其与飞机机翼产生升力的原理较类似,可用飞机机翼上下表面的速度分布特点进行解释。

此外,本章还研究了凸体对截面上"关键环"分布曲线的影响,分析了不同凸体位置、不同凸体尺寸以及不同通风风速对截面上"关键环"分布曲线的影响。结果表明:不同凸体尺寸、位置以及通风风速对"关键环"分布曲线的影响不同,通风风速越大、凸体尺寸越大且离截面上"关键环"距离越近时,凸体附近"关键环"分布曲线出现的缺口越大。当凸体半径小于等于 400 mm 时,可以认为凸体所在位置另一侧的"关键环"依然符合无凸体时"关键环"分布规律;当凸体半径大于 400 mm 时,凸体所在位置另一侧的"关键环"不符合无凸体时"关键环"分布规律。同时,对凸体存在时巷道内紊流充分发展处截面上"关键环"的破坏过程进行了描述。

4 灾变时期巷道内风流变化以及 "关键环"分布规律

本章采用数值模拟的方法研究了水平大巷内火灾对巷道内风流分布的影响,具体分析了火灾的规模、巷道内的通风风速对巷道内风流流动、"特征环"和"关键环"的影响,并最终获得火灾情况下水平大巷内风流的分布规律、"关键环"的分布规律及其影响因素。

4.1 概述

随着国家和矿山企业对矿山安全生产重视程度的加深以及资金投入的增加,我国矿山企业的安全管理水平及安全生产技术有了很大的提高,近年来井下火灾事故发生的频率有了明显的降低。但是由于我国矿山井下普遍采用易引发火灾的设备和材料,如电缆和胶带输送机、木质的支护材料等,因此井下仍然时有火灾发生,而燃烧所产生的有毒有害气体和火灾所引发的瓦斯、煤尘爆炸等事故极大地威胁着矿山的安全生产和井下工作人员的生命安全。为此,研究火灾对巷道内风流分布的影响及紊流充分发展处截面上"特征环"和"关键环"的分布规律是非常必要的。

目前对于矿井火灾的研究已经取得较多成果,但是这些研究主要集中在烟气运动规律及火灾模型等方面,对于火灾引起的巷道内风流分布规律及紊流充分发展处截面上"关键环"分布规律却少见文献报道。按照相关标准,矿井内风速传感器主要布置在各个水平采区的进、回风巷道内,研究火灾对巷道内风流状况的影响对传感器所测风速的准确性具有指导意义。因此,本章主要采用数值模拟方法研究水平大巷内火灾以及通风风速对巷道内风流分布及"特征环"、"关键环"分布的影响,并得出火灾情况下巷道内风流分布规律以及正常通风时期"关键环"的特征方程在火灾期间的使用条件。

4.2 火灾模型

正如第 1 章所介绍,国内外诸多学者已经研究并建立了多种火灾模型,归纳起来主要有两大类:一类是能够描述火灾发展过程的模型,其中较为典型的是 CFAST 模型,该模型是美国标准技术研究所 NIST 开发的能够较准确地描述整个火灾发生、发展及熄灭过程的火灾模型[36]。CFAST 模型将火灾的发展过程分为燃烧发展段、稳定段和衰减段三个阶段,其中燃烧发展段及衰减段分别采用平方模型进行描述,而通过预先给定的火灾最大释热率对燃烧稳定段进行描述。另一类是固定释放热源的火灾模型,如文献[38]所提到的固定热量输出的火源。由于本章主要研究矿井火灾强度对巷道风流分布规律的影响,而不研究火灾发展的过程,因此火灾模型选用固定热量输出模型。

4.3 数值模拟

井下巷道通风的目的主要是稀释瓦斯、煤尘和燃烧产生的有毒有害气体以及其他有害气体,为井下工作人员提供新鲜风流和安全的工作环境。在数值模拟计算中不考虑巷道内的新鲜风流与瓦斯气体的相互扩散和传热的过程,但是考虑能量的交换,并且在主要进回风巷道内,风流的速度均低于 8 m/s,不存在强烈的涡流。因此,采用数值模拟的方法可较为准确地模拟火灾情况下风流流动的物理过程,从而可大量节省实验研究所需要的人力、物力和财力。

本章采用数值模拟的方法研究火灾对巷道内风流分布规律的影响。按照矿井巷道实际尺寸建立三维数值分析模型,如图 4-1 所示。巷道截面为三心拱形截面,对截面尺寸进行相应的处理,使其具有一定的不规则度。巷道长度为 100 m;截面尺寸为:宽 4.6 m,墙高 2 m,拱高 1.5 m;截面面积为 12.625 74 m^2。根据水力直径公式 $d = \dfrac{4S}{U}$,计算出该截面的水力直径为 3.448 m;根据紊流充分发展长度公式 $L_e = 25d$ 计算出该巷道风流紊流充分发展长度为 86.2 m。因此,在该模型中对距离风流进口处 86.2 m 以后的截面进行分析。火灾位置设定发生在巷道的前部,即火源中心与巷道进风口的距离为 30 m,并且设定火区长度为 2 m。根据巷道顶板的高度以及文献[127]所提供的公式进行计算,认为火焰的高度为 3.5 m,并布满整个三心拱巷道截面。

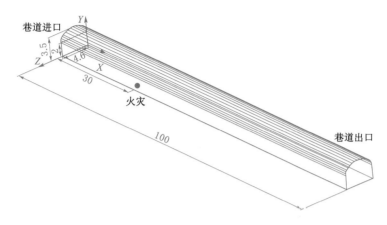

图 4-1　火灾巷道模型(单位:m)

在 Gambit 建模中可在模型结构的不同部位采用密度大小不同的网格进行划分,目的是结合计算数据的分布特点,使计算结果更加精确。在模拟流体的稳定段,比如巷道模型中紊流充分发展段,为了比较精确地反映风速的分布规律,需采用比较密集的网格;而在模拟流体的不稳定段,为了减小模型的规模以及计算时间,可采用相对稀疏的网格。本模拟的目的主要是研究在火灾情况下巷道模型中紊流充分发展段截面上风流的分布规律,因此为了准确地捕捉风速在巷道截面上的分布情况,在紊流充分发展段 80 m 之后划分较细的网格,而在紊流充分发展段之前划分的网格较稀疏,共划分网格数 400 多万。本模拟中采用六边形三维结构网格,此网格在计算时产生的误差较小,且计算精度较高,满足网格质量的要求。

火灾模拟数值计算中采用标准 κ-ε 方程以及气体的输运方程计算巷道内风流体的湍流流动和扩散。同时在火灾期间,火源的加热作用使巷道内温度升高,从而使风流气体的密度发生改变,加之重力的作用使巷道内气体产生上下自然对流。因此,在 CFD 模拟火灾的计算过程中考虑了重力对风流流动的影响,以及火灾所产生的浮力效应。其中边界条件设置为:巷道进口采用速度进口边界条件,巷道出口采用压力出口边界条件。

在火灾模拟计算中采取了一定的假设:① 巷道壁面与风流气体没有热交

换;② 巷道内无相关工作人员、杂物堆放、运输车辆和相关设备等障碍物,并且忽略瓦斯、煤尘和炮烟对风流体的影响;③ 在火灾模型中不考虑火源的热辐射、火灾的具体燃烧过程以及由火灾所引发的巷道内气体质量和组分的变化,而把火源简化为固定释放热量的热源。

具体模拟计算的相关参数设定如下:巷道进口风速分别设置为 0.15 m/s、0.25 m/s、0.5 m/s、1 m/s、1.5 m/s、1.75 m/s、2 m/s、2.5 m/s、3 m/s、6 m/s,巷道出口处的相对压力为 0 Pa,由此模拟计算了火灾强度分别为 0 kW、300 kW、600 kW、900 kW 及 1 200 kW 的 5 种常见井下火灾工况以及不同通风风速对巷道内风流分布的影响规律。

4.4 火灾强度对巷道内流场的影响

井下发生火灾时,巷道内的温度场会受到一定的影响,并且随着火灾强度的加大,整个巷道内的温度会随之增加。图 4-2 给出了火灾强度为 1 200 kW、通风风速为 0.5 m/s 时,巷道内($z=2.3$ m)表征温度分布的速度矢量图。

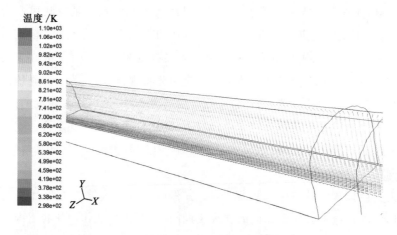

图 4-2　1 200 kW、0.5 m/s 工况下巷道内表征温度
分布的速度矢量图($z=2.3$ m)

从图 4-2 中可以看出,火灾发生后,在火源至巷道进口的区域内,巷道顶部出现了烟流滚退现象。烟流滚退是烟流逆行将火源燃烧所释放的热量携带至巷道进口的风流中,从而使巷道进口至火源的区域内巷道上部气流的温度显著

升高的现象,其与文献[61][63][65]中所研究的结果是一致的。

与此同时,在火灾情况下,巷道内的风流状态及分布受到火源的加热作用而发生了变化,火源的存在减小了巷道内风流的有效通流面积,从而使巷道内产生了明显的节流效应,并且不同的火灾强度和通风风速对巷道内风流的扰动情况不同。图 4-3 给出了在不同火灾强度及不同通风风速下,巷道内风流在 x 方向的速度分布情况。

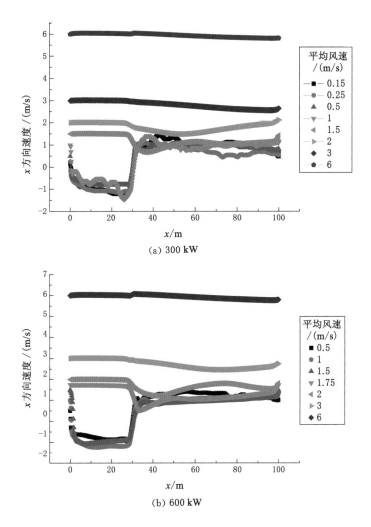

(a) 300 kW

(b) 600 kW

图 4-3　不同火灾强度、不同平均风速下巷道内风流在 x 方向速度分布图

($y=3.2$ m,$z=2.3$ m)

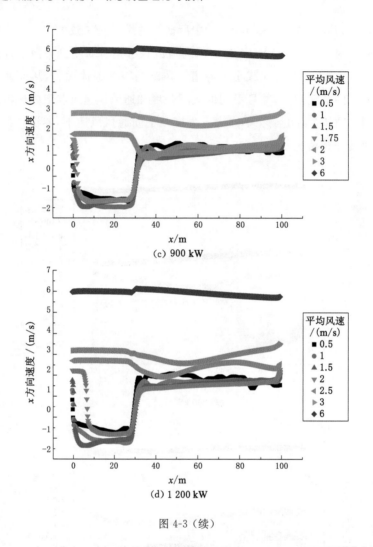

图 4-3（续）

从图 4-3 中可以看出,当火灾发生时,在一定的通风风速下巷道内均发生了一定范围的烟流滚退现象,并且随着通风风速的增加,烟流滚退的影响范围即烟流滚退的距离逐渐减小。随着火灾强度的加大,烟流滚退的临界风速值也在逐渐增大,具体情况为:300 kW 时烟流滚退临界风速值介于 1～1.5 m/s 之间,600 kW 时介于 1.5～1.75 m/s 之间,900 kW 时介于 1.75～2 m/s 之间,1 200 kW 时介于 2.5～3 m/s 之间。同时,火灾期间在通风风速大于使烟流滚退距离为零的临界风速值的通风情况下,火灾对于其前部巷道内的风流分布情况几乎没有影响,而对于其后部巷道内的风速分布有较大的影响,并且影响程度随着风速值的增大而减小；在通风风速小于使烟流滚退距离为零的临界风速值的通风情况下，火灾对于其后部巷道内的风速分布有一定程度的影响。因此，下面进一步分析火灾强度对于不同通风风速下沿着巷道长度方向风速分布的影响。图 4-4 给出了在不同火灾强度下，巷道内风流在 x 方向的速度分布情况。

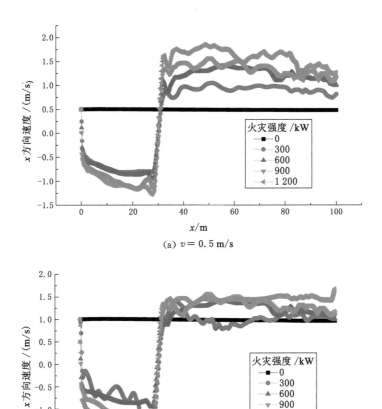

(a) $v = 0.5 \, \text{m/s}$

(b) $v = 1 \, \text{m/s}$

图 4-4　不同平均风速、不同火灾强度下巷道内风流在 x 方向速度图

（$y = 3.2 \, \text{m}, z = 2.3 \, \text{m}$）

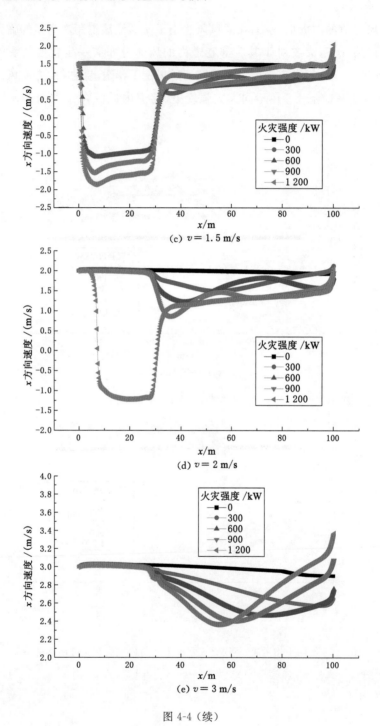

(c) $v = 1.5 \, \text{m/s}$

(d) $v = 2 \, \text{m/s}$

(e) $v = 3 \, \text{m/s}$

图 4-4（续）

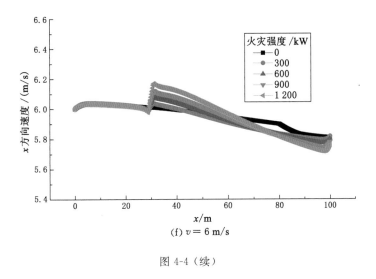

(f) $v = 6$ m/s

图 4-4（续）

从图 4-4 中可以看出，在发生火灾情况下，当巷道内通风风速小于烟流滚退临界风速，即有烟流滚退现象时，火源后部巷道内 x 方向风速值随着火灾强度的加大而增加，这种情况可能是由于随着火灾强度的加大，火源上部烟气的压力梯度也在增大，从而导致巷道顶部射流区的风速值也增大。在通风风速为 0.5 m/s 和 1 m/s 时，火源后部巷道内的风速值呈现上下波动的状态，而在通风风速为 1.5 m/s 和 2 m/s 时，火源后部巷道内的风速值呈现平滑的逐渐上升的直线，这可能是由于前者风速较小，火灾产生的烟气（温度）在巷道上层的分布不均匀，而后者速度较大，火灾产生的烟气（温度）在巷道上层的分布较均匀所导致的。

在发生火灾情况下，当巷道内通风风速大于烟流滚退临界风速，即无烟流滚退现象时，火灾强度对火源后部巷道内 x 方向风速值沿巷道分布的影响随着通风风速的变化而变化。在通风风速为 1.5 m/s、2 m/s、3 m/s 时，火源后部巷道内 x 方向风速值呈现出先降低后增加的趋势，这是由于火源产生的节流效应增加了通风阻力，导致火源附近的风速骤然降低，而在火源后部沿着巷道方向节流效应越来越弱，通风阻力也越来越小，风速值又逐渐上升。在通风风速值为 6 m/s 时，火源后部巷道内 x 方向风速值先是骤然升高，然后又缓慢下降，并且火灾强度越低，这种影响越小，即火源后部巷道内 x 方向风速值走势越接近正常通风时期。这种情况是由于巷道风流进口风速较高，风流正向压力梯度较高，加上火源上部烟气的压力梯度，使火源上部形成相对于周围环境较大的静压,进而使火源上部风速骤然升高;同时,由于巷道进口风速较高,使烟气在巷道后部扩散较快,巷道内温差越来越小,风速分布越来越接近于正常通风时期,从而使火源后部巷道 x 方向风速又缓慢下降。

总的来说,井下发生火灾时,火灾强度越低,风速越大,对巷道风流分布的影响越小。

为了证实巷道内温度的变化对风流速度的影响,下面进一步分析巷道内同一截面上温度与风流速度的变化。选取 300 kW、0.5 m/s 以及 1 200 kW、3 m/s 两种工况,截取 $z=2.3$ m 截面,分析其温度与速度的分布,如图 4-5 所示。

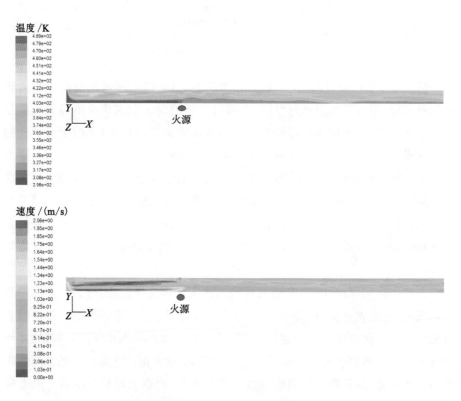

(a) 300 kW、0.5 m/s 时温度与速度分布

图 4-5 不同火灾强度及风速下巷道内温度及速度分布图

($z=2.3$ m)

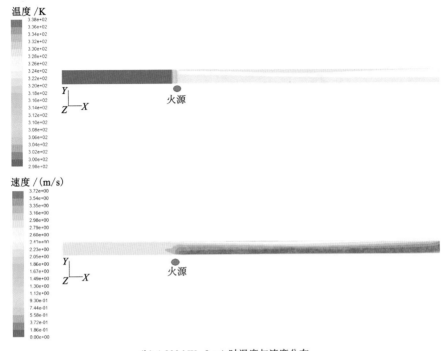

(b) 1 200 kW、3 m/s 时温度与速度分布

图 4-5（续）

从图 4-5 中可以看出,同一种工况下 $z=2.3$ m 截面上温度与速度分布情况有一定的对应关系。由于这里主要考虑巷道内紊流充分发展处的风速分布,因此这里仅对火源后部巷道内的温度与速度分布进行分析,分析情况如下:火灾发生时,在发生烟流滚退的情况下,巷道截面上温度高的区域风速值较低,而温度低的区域风速值较高,并且温度与速度的分布比较紊乱,没有一定的规律性,可能是巷道内通风风速较低,加之火灾烟气的浮力效应,火源后部巷道内的风流更倾向于自由扩散,从而导致温度与速度分布不均匀;而在未发生烟流滚退的情况下,巷道截面上温度与速度的变化亦成反比例关系,但与发生烟流滚退情况不同的是,温度与速度的分布较均匀,并且有一定的规律性,即沿着巷道高度温度与速度分布有较明显的分层现象。

为了定量分析温度对速度的影响,选择有烟流滚退的 300 kW、1 m/s 工况和无烟流滚退的 1 200 kW、3 m/s 工况以及 0 kW 的 1 m/s 和 3 m/s 工况,在 $z=2.3$ m 截面上分别取 3 个位置:$y=0.3$ m,$y=1.8$ m,$y=3.2$ m,分析在火

灾期间与正常通风时期,3 个位置的速度与温度分布,其中速度不考虑速度的
方向,只考虑速度的大小,如图 4-6、图 4-7 所示。

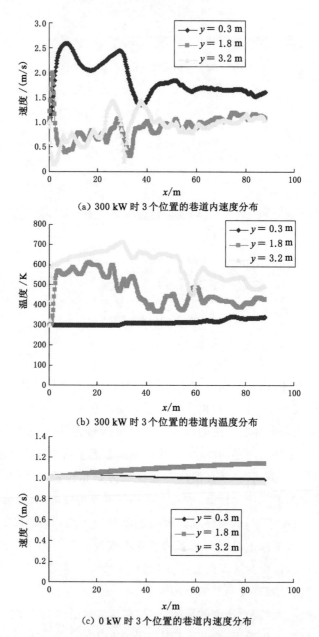

(a) 300 kW 时 3 个位置的巷道内速度分布

(b) 300 kW 时 3 个位置的巷道内温度分布

(c) 0 kW 时 3 个位置的巷道内速度分布

图 4-6　300 kW、1 m/s 及 0 kW、1 m/s 工况下巷道内速度与温度分布图

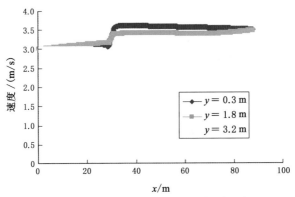

(a) 1 200 kW 时 3 个位置的巷道内速度分布

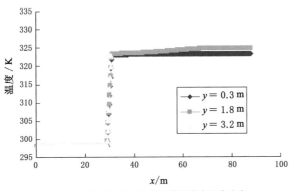

(b) 1 200 kW 时 3 个位置的巷道内温度分布

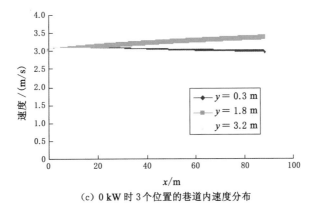

(c) 0 kW 时 3 个位置的巷道内速度分布

图 4-7　1 200 kW、3 m/s 及 0 kW、3 m/s 工况下巷道内速度与温度分布图

从图 4-6 中可以看到,与正常通风时的风速分布相比,发生烟流滚退情况时,沿着巷道方向的风速分布比较紊乱,火源前部巷道内风速的波动幅度很大,而在火源后部巷道内风速的波动幅度沿着巷道长度方向逐渐减小;温度的分布与风速有着相似的规律,但由于烟气的浮力效应,温度沿着巷道墙高由下往上逐渐升高,而风速则沿着墙高由下往上逐渐降低。这与对图 4-5 中发生烟流滚退时温度与速度分布规律的分析是一致的。同样,图 4-7 中速度与温度的分布规律再次证实了图 4-5 中对无烟流滚退时温度与速度分布规律的分析。

4.5 火灾强度对巷道截面上"特征环"分布的影响

由上述可知,不同火灾强度及不同通风风速对巷道内沿着巷道长度方向的风流分布会产生不同程度的影响,下面具体分析在不同火灾强度及不同通风风速下巷道内紊流充分发展处($x=88$ m)截面上"特征环"的分布。图 4-8 ～图 4-10 给出了在火灾强度分别为 0 kW、300 kW、1 200 kW 以及不同通风风速下紊流充分发展处($x=88$ m)截面上"特征环"分布情况。

从图 4-8 中可以看出,在正常通风时,不同通风风速下,三心拱巷道紊流充分发展处截面上"特征环"的分布均可描述为:截面中间速度最大,向着边壁方向速度越来越小,风速值的分布是以截面中心为环心逐渐向边壁扩散的同心椭圆环,并且每个椭圆环的形状是较一致的。这再次说明正常通风时"特征环"的环状曲线与通风风速几乎没有关系,而与截面形状有关。

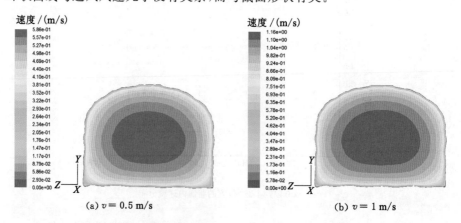

(a) $v=0.5$ m/s   (b) $v=1$ m/s

图 4-8 0 kW 时不同通风风速下 $x=88$ m 截面上风速分布图

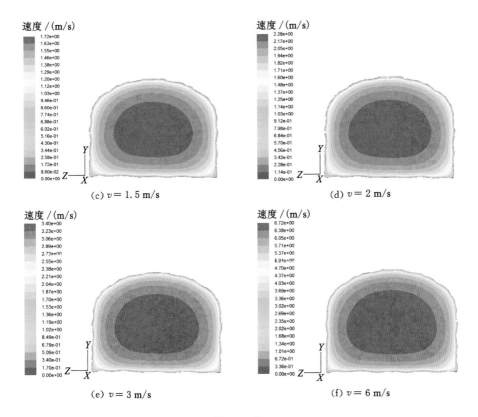

(c) v=1.5 m/s

(d) v=2 m/s

(e) v=3 m/s

(f) v=6 m/s

图 4-8（续）

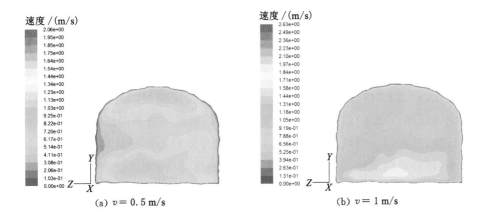

(a) v=0.5 m/s

(b) v=1 m/s

图 4-9　300 kW 时不同通风风速下 x=88 m 截面上风速分布图

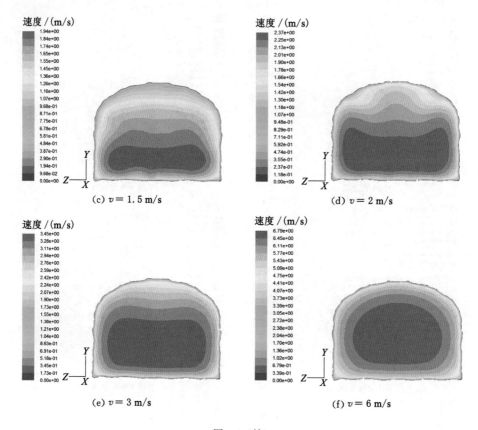

图 4-9（续）

　　从图 4-9 中可以看出,在 300 kW 火灾强度下,在通风风速为 0.5～1 m/s 之间(低于发生烟流滚退的临界风速)时,巷道截面上风速分布完全紊乱。而通风风速在 1.5～6 m/s 之间(高于发生烟流滚退的临界风速)时,与正常通风相比,截面上"特征环"分布曲线形状已经发生了明显的变化,并且呈现出一定的规律性:此时的"特征环"可描述为同心椭圆环被不同程度地向巷道底部压瘪,并且同一通风风速下截面上由内到外的同心环形状均不一致,风速越小,环心越向下移,并且同心环被压瘪的程度越大;而风速越大,"特征环"分布规律越接近于正常通风时,在 6 m/s 时已接近正常通风时"特征环"的分布。

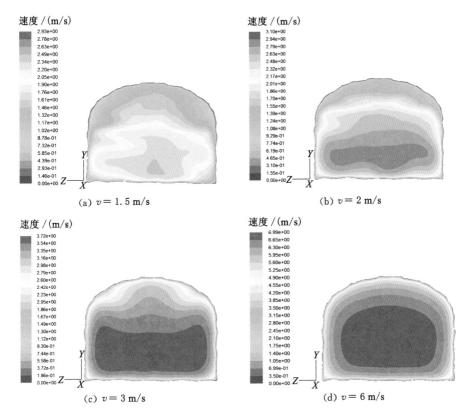

图 4-10 1 200 kW 时不同通风风速下截面上风速分布图($x=88$ m)

从图 4-10 中可以看出,1 200 kW 火灾强度与 300 kW 火灾强度相比,随着通风风速的增加,"特征环"分布变化比较相似。

由以上分析已经得出,温度高低对风速大小会产生一定的影响,下面进一步定量分析温度变化值与风速分布规律的关系。首先选取 2 个具有明显速度分层的工况:300 kW、1.5 m/s 与 1 200 kW、3 m/s,分析 $x=88$ m、$z=2.3$ m 截面中轴线上温度与速度的关系,如图 4-11、图 4-12 所示。

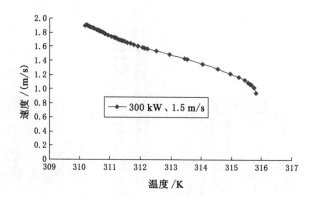

图 4-11 300 kW、1.5 m/s 工况下截面中轴线上温度与速度的关系

($x=88$ m, $z=2.3$ m)

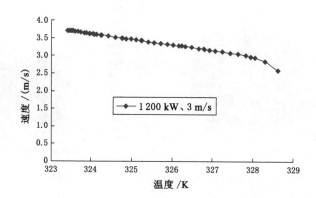

图 4-12 1 200 kW、3 m/s 工况下截面中轴线上温度与速度的关系

($x=88$ m, $z=2.3$ m)

从图 4-11 和图 4-12 可以看出,随着温度的升高,风流速度值逐渐降低,即温度的高低与速度的大小成反比关系,并且在不同的通风风速下,温度变化与速度变化的比例系数也是不同的。这说明在火灾情况下,只要有温度差的存在,原有的风流分布规律就会被破坏。

下面分析在火灾情况下,温度差小于 1 ℃的截面上风速分布的情况,选取 0 kW、6 m/s,300 kW、6 m/s 与 1 200 kW、6 m/s 三种工况,同样分析 $x=88$ m 截面中轴线上速度分布,如图 4-13 所示。

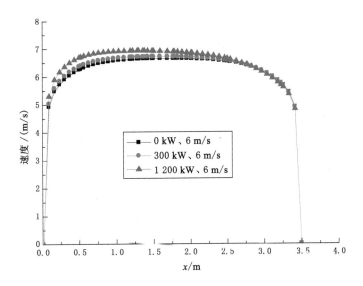

图 4-13　不同温差下 $x=88$ m 截面中轴线上速度分布图

　　根据数值模拟结果,0 kW、6 m/s 工况下 $x=88$ m 截面中轴线上温差为 0 ℃,300 kW、6 m/s 工况下 $x=88$ m 截面中轴线上温差为 0.171 ℃, 1 200 kW、6 m/s 工况下 $x=88$ m 截面中轴线上温差为 0.898 ℃。由图 4-13 可以看出,温差越小,风速分布越接近正常通风时的分布规律。由此可以得出结论,在火灾时期,若巷道内紊流充分发展处截面上温差为 0 ℃,则其风速分布符合正常通风时的分布规律;若温差不等于 0 ℃,则温度与速度的变化成反比关系,且温差越大,"特征环"分布变化越大。

4.6　火灾强度对巷道截面上"关键环"分布的影响

　　通过上节分析可知,在火灾情况下,巷道内紊流充分发展处截面上"特征环"的分布由于火灾强度的变化和通风风速的不同均受到不同程度的影响,"关键环"的分布也会产生相应的变化。图 4-14 给出了在 0.5 m/s、1 m/s、 1.5 m/s、2 m/s、3 m/s、5 m/s、6 m/s 通风风速和不同火灾强度下 $x=88$ m 截面上"关键环"的分布情况。

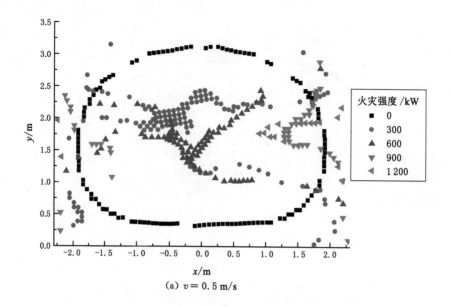

(a) $v = 0.5 \, \text{m/s}$

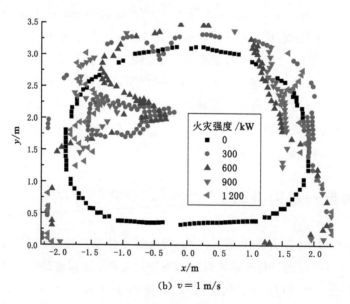

(b) $v = 1 \, \text{m/s}$

图 4-14　不同通风风速和火灾强度下 $x = 88 \, \text{m}$ 截面上"关键环"分布图

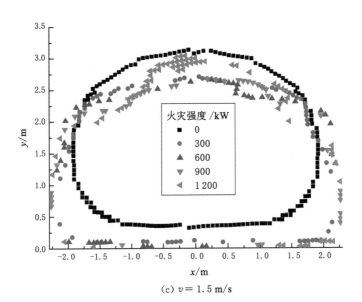

(c) $v = 1.5\ \mathrm{m/s}$

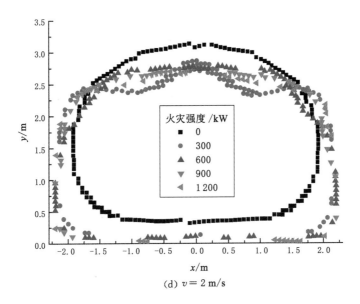

(d) $v = 2\ \mathrm{m/s}$

图 4-14（续）

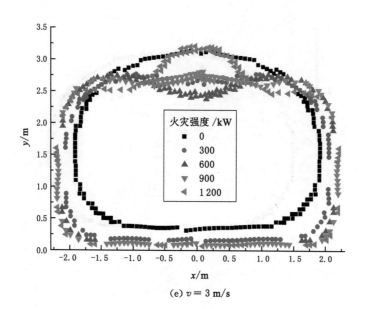

(e) $v = 3 \text{ m/s}$

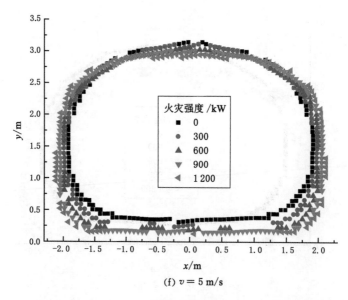

(f) $v = 5 \text{ m/s}$

图 4-14（续）

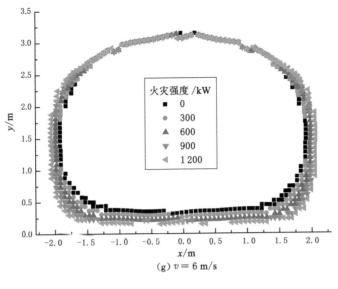

(g) $v = 6$ m/s

图 4-14（续）

从图 4-14 中可以看出,在火灾情况下,火灾强度对"关键环"的影响较小,而通风风速对"关键环"的影响占主导地位。通风风速为 0.5 m/s 和 1 m/s 时,巷道内紊流充分发展处截面上"关键环"的分布与正常通风时相比已经完全紊乱。而通风风速在 1.5～6 m/s 之间时,"关键环"的分布逐渐呈现出一定的规律性:其分布区域仍然可以看作一个封闭的环,随着风速的增加,环的轮廓越来越清晰,并且面积逐渐缩小,越来越接近正常通风时"关键环"的分布区域。当通风风速达到 6 m/s 时,"关键环"的分布规律已经非常接近正常通风时,虽然随着火灾强度的增加,"关键环"分布区域的下侧越来越远离正常通风时的分布,然而其分布区域的上侧与正常通风时的分布相一致。因此可以认为,在火灾情况下,通风风速等于 6 m/s 时,若风速传感器位置放置在巷道顶部,依然可以正确测得截面的平均风速。通过以上分析可知,火灾发生时,当巷道内通风风速大于或等于 6 m/s 时,紊流充分发展处截面上"关键环"分布规律可以认为依然符合正常通风时的分布特性,即满足"关键环"分布的特征方程。

4.7 本章小结

针对前人对火灾引起的巷道内风流场以及"关键环"分布规律研究的不足,

本章研究了水平大巷内火灾对温度场、速度场的影响规律,并获得了火灾发生时不同通风风速下火源后部巷道内速度场以及紊流充分发展处截面上风速分布以及"关键环"分布规律。

本章首先研究了火灾强度对巷道内流场的影响。通过建立水平大巷及火灾的物理模型,分析了不同火灾强度及通风风速对巷道内流场的影响。研究结果表明:火灾发生时,巷道内出现了烟流滚退现象,烟流滚退的临界风速值随着火灾强度的加大而增大;在发生烟流滚退时,巷道前部温度较高,整个巷道内的温度分布不均匀,且风流速度分布比较紊乱;而在未发生烟流滚退时,巷道内后部温度较高,且巷道内的温度与风流速度沿着巷道长度方向分布比较均匀,并且有明显的分层现象。

由于井下巷道内风流多为紊流状态,因此需要对紊流充分发展区域进行研究。本章分析了 $x=88$ m 截面上风速分布规律,结果表明:风流速度的大小与温度的高低呈相反的状态,速度大的区域温度低,而速度小的区域温度高;通风风速小于烟流滚退的临界风速时,巷道截面上风速的分布完全紊乱,通风风速大于烟流滚退的临界风速时,风速的分布具有明显的分层现象,此时"特征环"的分布可描述为同心环被不同程度地向巷道底部压瘪;风速越小,环心越向下移,并且同心环被压瘪的程度越大,而风速越大,"特征环"分布规律越接近于正常通风时的分布规律;在发生火灾情况下,只要有温度差的存在,巷道截面上原有的风流分布规律就会被破坏。若巷道内紊流充分发展处截面上温差为 0 ℃,则其"特征环"分布符合正常通风时的分布规律;若温差大于 0 ℃,温差越小越接近"特征环"正常分布,温差越大风流分布变化越大。

此外,本章对巷道内紊流充分发展处截面上"关键环"分布规律进行了研究,分析了不同火灾强度及通风风速下 $x=88$ m 截面上"关键环"分布规律。在 0.5 m/s 和 1 m/s 风速下"关键环"分布紊乱;在 1.5~6 m/s 风速下"关键环"的分布区域可以看作一个封闭的非圆环,随着风速的增加,非圆环的轮廓越来越清晰,并且面积逐渐缩小,越来越接近正常通风时"关键环"的分布区域;当巷道内通风风速大于或等于 6 m/s 时,可以认为巷道内紊流充分发展处截面上"关键环"的分布依然符合正常通风时的"关键环"特征方程。

5 "关键环"工程应用探讨

本章以某煤矿的实际巷道为例,探讨了"关键环"理论的研究成果在巷道风量准确测量以及通风监测监控系统中的应用,提出了将"关键环"应用于井下三心拱形截面、梯形截面以及正方形截面水平大巷中实现风量准确测量的方案,"关键环"在掘进巷道和采煤工作面的布置方案,以及"关键环"在日常通风系统管理和事故预防中的作用。

5.1 概述

通风系统是矿山安全生产的基本保障,井下风速、风量是否达到规定要求是进行通风系统管理和预防事故的重要手段。目前井下风速、风量的测量方法中,传统的人工测量法和在线监测法均无法保证实时、准确地监测巷道内风速、风量,而对"关键环"的研究为准确测量井下风速、风量提供了新的理论和技术指导。本章对"关键环"在巷道风速、风量动态监测以及矿山安全监测监控系统中的应用进行了探讨,其研究结果对矿井巷道内风量的准确测量、矿山物联网的建设以及事故的预防具有重要的实用价值。

5.2 "关键环"在巷道风量动态监测中的应用

矿井通风系统是矿井的重要组成部分,是保障矿井安全生产的重要系统,对矿井的正常生产及资源的安全开采有着全局性的影响。近年来,我国科研人员在矿井通风技术的理论研究及实践应用等方面做了大量的工作,矿井通风技术趋于成熟。但是,由于矿井通风管理不善,不能适应矿井通风系统的动态、随机等特性的要求,造成重特大灾害事故时有发生。同时,由于井下采掘工作面一直在不断地变化,人工测量无法实现对巷道风速、风量的实时监测,往往当缺风非常严重时,才能发现风速、风量的异常,而此时已为事故的发生提供了足够的酝酿时间。可见,对井下巷道风速、风量的及时、准确测量是矿山通风系统管理中非常重要的环节。虽然目前风速、风量在线监测系统在煤矿以及非煤矿山的应用较为广泛,然而对风速传感器在巷道截面上的具体安装位置并没有明确的规定,许多矿井由于风速传感器放置位置不恰当,而导致不能准确测量巷道的平均风速及风量。可见,准确、有效测量风速、风量的方法和技术在矿山安全生产中是非常必要的,而"关键环"理论是实现有效、便捷、准确测量巷道截面上平均风速及风量的重要手段。

由前述可知"关键环"是巷道截面上与平均风速值相等的环,环上任一点的风速值均为该截面上的平均风速值,因此,在不影响工作人员的走动及车辆运移的前提下,可将风速传感器放置在"关键环"顶部位置,或者结合矿井的实际情况放置在任意不影响生产的位置。下面以某煤矿为例对"关键环"在巷道风量准确测量中的应用加以介绍。

某煤矿的水平大巷和掘进巷道有三心拱形、梯形、正方形截面,三心拱巷道的宽为 4.6 m、高度为 3.5 m、大圆弧半径为 3.2 m、小圆弧半径为 1.2 m,梯形巷道的上底为 3.2 m、下底为 4 m、高为 2.8 m,正方形巷道的边长为 3 m。将风速传感器沿着巷道中轴线放置,根据三心拱形截面、梯形截面及正方形截面上"关键环"的特征方程,得出三心拱形截面、梯形截面以及正方形截面上"关键环"顶部点距离地面的高度分别为 3 m、2.514 5 m、2.731 8 m,该高度符合井下的实际情况,传感器的放置位置如图 5-1 所示。

在图 5-1 所示三心拱形截面、梯形截面及正方形截面传感器放置点测得的风速便是该截面上的平均风速。通过"关键环"理论可较准确地测得巷道内的风速和风量,同时可根据各个巷道内在正常通风时风速和风量的预定值对风速传感器设置报警值,如果风机停运、风筒漏风太大、风机供风能力不足或风速太低,井下风速传感器便可发出声光报警,以便更好地实现对整个矿井通风系统的有效管理以及事故的预防。同时,"关键环"技术为整个矿山物联网中通风监测监控系统建设提供了理论基础和技术指导。

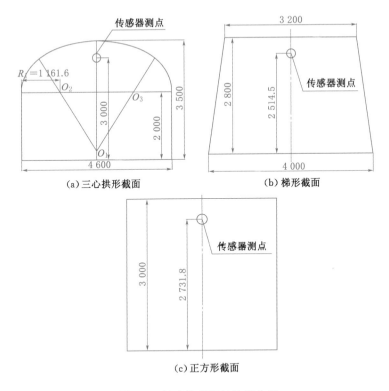

图 5-1　风速传感器的放置位置

5.3　"关键环"在通风监测监控系统中的应用

随着"六大系统"在煤矿和非煤矿山中的应用以及智能矿山建设的兴起,对矿井通风在线监测系统也提出了越来越高的要求,若矿井通风监测系统能实现全面的自动化监测,则可大量地减少人力、物力的投入,提高通风系统的管理水平,减少事故的发生。

通风监测监控系统由数据采集系统、数据传输系统和数据处理与应用系统三部分组成,如图 5-2 所示。

（1）数据采集系统

数据采集系统主要由风速、风压和风机开停传感器组成,并通过利用超声波漩涡调制测定漩涡频率、电阻变化以及风机电流参数的方式对井下巷道内的风流速度、通风机风压和风机开停状态进行分析监测。

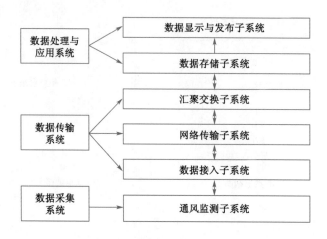

图 5-2　通风监测监控系统构架图

各传感器的安装位置应遵循以下原则[128]：

① 风压传感器应安装在主通风机出口截面中心，其一个端口正对风机出风方向，另一端口以塑胶管引出至风机进风口截面中心，并正对风机进风方向。

② 风机开停传感器与风机控制柜连接，监测其电流状态。

③ 风速传感器应设置在井下各生产中段和分段的回风巷道及总回风巷，若生产中段和分段存在多余回风井或回风巷道，则只需要在主要回风井联络巷或回风巷道设置风速传感器。风速传感器应安装在 10 m 长巷道截面无大变化、无岔口和弯曲的巷道顶部中央，距顶板距离为 300 mm，并且垂直于风流风向，风速传感器的漩涡发生体进口正对风流方向。

根据前文的研究结果，应对风速传感器的安装位置做适当的调整，传感器应安装在巷道横截面上"关键环"顶部中央，已达到准确测量巷道内平均风速和风量的目的。有条件的矿山应在矿井总进风巷、各个中段的进风巷道、所有需风地点的进风巷道、回风巷道安装风速传感器，以实现整个矿井通风系统的实时、有效管理。矿井需风点中采掘工作面是需要重点监测风量的区域，下面进行重点介绍。

在新建、扩建或正常生产矿井中，需要开掘大量的井巷。掘进工作面是矿井事故多发地点，特别是煤矿，由于局部通风管理不善等造成瓦斯事故发生的次数和死亡人数占整个矿井瓦斯事故的 80% 左右。因此，对掘进通风进行科学管理，不仅是提高掘进通风效果的重要环节，而且是防止煤矿瓦斯、煤尘爆炸事故的重要措施。根据矿井的实际情况可以将风速传感器安装在截面上"关键环"的任意不影响行人和车辆的位置,建议安装在"关键环"顶部。由于掘进巷道需要压入式通风,靠巷道边壁位置设置的风筒可视为障碍物,而根据第 3 章对不规则截面上"关键环"分布规律的分析,对于宽度为 4.6 m 的三心拱巷道,当凸体半径大于 400 mm 时,"关键环"便不适用于凸体的另一侧。因此,在掘进巷道截面上"关键环"顶部安装风速传感器的条件为巷道内风筒直径与巷道宽度的比值小于 0.087。掘进巷道风速传感器的安装位置如图 5-3 所示。

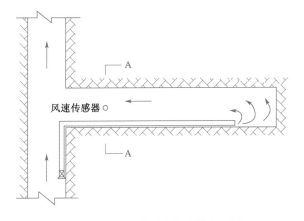

图 5-3　掘进巷道风速传感器布置图

　　采煤工作面产生煤尘较多且瓦斯易聚集,因此必须保证有足够的通风风量,可以将风速传感器以可移动的形式安装在工作面进、回风巷道截面上"关键环"顶部。采煤工作面风速传感器布置如图 5-4 所示。

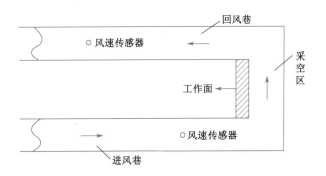

图 5-4　采煤工作面风速传感器布置图

（2）数据传输系统

数据传输系统主要接收来自数据采集系统和数据处理与应用系统的物理信号或控制信号，进行汇聚集成后通过传输介质将物理信号或控制信号传送至数据采集系统和数据处理与应用系统，如图 5-5 所示。数据传输系统主要包括数据接入子系统、网络传输子系统和汇聚交换子系统。

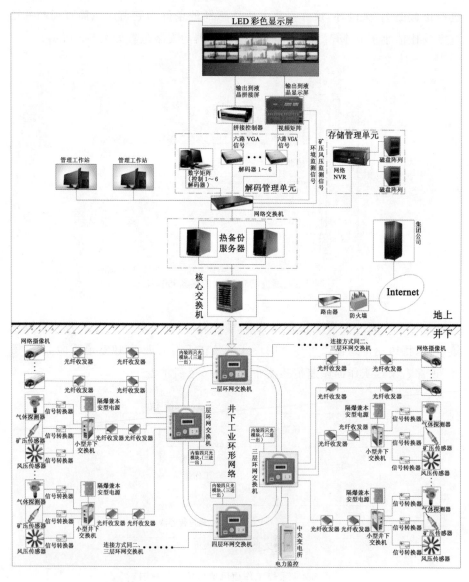

图 5-5　通风监测监控系统数据传输结构示意图

数据接入子系统主要是由监控分站和通信电缆等组成,监控分站接收来自通风监测子系统的数据,并进行汇聚集成;网络传输子系统主要由通信电缆、通信光缆、接线盒等设备组成,主要为来自数据接入子系统和汇聚交换子系统的数据提供传输介质;汇聚交换子系统主要由级联交换机、环网交换机和核心交换机等汇聚交换设备组成,主要对网络传输子系统和数据处理与应用系统的数据进行汇聚和分配转发。

数据传输系统通过将数据采集系统中风速传感器、风压传感器及风机开停传感器的数据传输至地面的数据处理与应用系统,以达到对井下通风系统进行实时在线监测的目的,同时在发生异常情况时,通过应用系统的指令将信号反馈给数据采集系统,以达到控制的目的。

（3）数据处理与应用系统

数据处理与应用系统是对井下通风系统中所有的监测数据进行处理分析、显示、预警并提供决策的系统,包括数据存储子系统和数据显示与发布子系统,主要由系统服务器、系统软件、网络接口、UPS 电源、打印机、液晶拼接屏、液晶显示屏及 LED 等组成。

数据处理与应用系统采用模块化设计,主要包括计算机服务器及网络系统、大屏幕信息显示系统、综合布线系统及监测监控软件系统,如图 5-5 所示。

计算机服务器及网络系统主要由互为备份的数据存储服务器、Web 服务器及数据库服务器组成,形成较强的数据存储和处理能力,并通过千兆光纤交换机和光纤线路建立与办公楼局域网系统的连接,实现各类服务器、计算机及中段设备的网络互联;大屏幕信息显示系统主要由液晶拼接屏、液晶显示屏及 LED 三部分组成,实现计算机输出信息和视频监控信息的输出与控制;综合布线系统是对监控中心内的电源线、网线、电话线等的布线设计与建设,并设置 4个操作控制席位,配置计算机、显示器及其他相关设备,与计算机服务器和网络系统和大屏幕信息显示系统相连;监测监控软件系统采用客户端/服务器模式（Client/Server）与浏览器/服务器（Browser/Server）模式相结合的结构,以矿山实际通风系统图为底板,统一实时显示各传感器位置、参数及状态、视频图像等信息,并可设置预警参数以及以曲线、报表形式显示历史数据等,为处理各类预警信息和事故提供决策依据。

"关键环"理论在通风监测监控系统中的应用,可以实现井下巷道内风速、风量的准确、自动监测,通过地面监控中心的通风监测监控软件,可实时监测井下各个巷道内风速、风量的变化,实现日常通风系统管理;当有供风不足情况发生时,可及时发现风量异常的巷道,通过监测监控软件的指令以及井下风门的感应装置,调节风门的风窗,实现对巷道风量的调节和分配。

矿井通风网络是一个动态网络,随着矿井生产的推进,从网络分支数据到网络拓扑结构都在发生变化,而网络中各个用风地点的风量需求基本不变,所以经常需要对通风网络进行调节,以调配各网络分支的风量。通风网络分支风量的计算及调节主要通过人工来实现,既费时又费人力、物力。而通过"关键环"理论及相关软件可实现风量自动调节,即通过通风网络解算软件,对各分支巷道的风量进行重新计算,然后再通过风门自动调节装置调节风门的风窗,进而调节巷道内风量,同时通过巷道截面上"关键环"顶部风速传感器的监测,使巷道内的风量达到预定的要求。

5.4　本章小结

根据本书"关键环"理论的研究成果并结合矿山的实际情况,将"关键环"理论在巷道风量动态监测及通风监测监控系统中的应用进行了探讨。

本章首先研究了"关键环"理论在巷道风量动态监测中的应用。以某煤矿的实际巷道为例,结合前文研究的三心拱形、梯形、正方形截面巷道"关键环"的特征方程,探讨了实际巷道中实现风量准确测量时风速传感器在巷道截面上的放置方案。

其次研究了"关键环"理论在通风监测监控系统中的应用,分析了风速传感器在掘进巷道及采煤工作面中的布置原则,并结合现有的通风监测监控系统设计原则,分析了其在日常通风系统管理及通风网络调节中的应用。

6 结论与展望

6.1 研究总结

在目前井下巷道通风风量缺乏有效、实时的准确监测的背景下,为了预防通风不良而导致事故发生以及为通风系统的管理和优化提供指导,本书通过实验以及数值模拟的手段对正常通风时期的规则截面巷道、不规则截面巷道以及火灾时期巷道内的风流分布规律以及"关键环"分布规律进行了研究。

6.1.1 正常通风时期规则截面巷道风流分布及"关键环"分布规律

基于井下风流的流动状态,并根据流体力学的相似理论,设计并建立了井下常见巷道形状等比例缩小的小型巷道物理模型,巷道截面形状分别为正方形、梯形、三心拱形以及圆形。利用 CFD 软件模拟了正常通风时期巷道的风流分布状态,开展了对矿井 4 种规则巷道正常通风的数值模拟研究。同时建立了与数值模拟物理模型尺寸相一致的小型通风实验系统,并测量了正常通风时期不同截面形状巷道内紊流充分发展处截面上的多点风速值,测试点覆盖整个截面。通过对实验测得的截面上风速值进行分析,提出了风速分布的"特征环"和"关键环"两个新概念。将实验数据与数值模拟结果进行对比分析,结果表明:采用的矿井巷道通风数值模拟方法具有较好的准确性,可用于巷道截面上风流分布规律分析,并且根据尺寸效应,该数值模拟方法可以更精确地计算大尺寸巷道"关键环"的分布曲线。

开展了对正方形、梯形、三心拱形以及圆形巷道内紊流充分发展处截面上风速分布的定性分析,并着重对截面上"关键环"的分布规律进行了定量分析,研究结果表明:

(1)对于不同截面形状的巷道,其截面上的风流分布规律可用"特征环"进行描述:风速的分布可以看作由截面的中心向边壁处逐渐等比例扩大的与截面形状相似的"特征环",在环的中心处速度最大,向着边壁的方向速度逐渐减小。巷道内紊流充分发展处截面上"关键环"的分布区域总是靠近截面边壁处,并且在大于平均风速值的"特征环"区域内风速的分布比较平缓,而在小于平均风速值的"特征环"区域内风速的分布比较陡峭。同一种截面形状巷道内紊流充分发展处截面上"关键环"的分布曲线与其通风风速无关,即在不同通风风速下,同一截面上"关键环"的分布曲线是一致的。

(2) 截面上"关键环"的分布曲线形状与截面形状有关。通过将正方形截面、梯形截面、三心拱形截面以及圆形截面巷道分别等比例放大至原来的 2、3、4、5 倍,分析同一种截面形状巷道内紊流充分发展处截面上"关键环"的分布规律,得出了 4 种截面形状下"关键环"分布曲线与其对应的截面尺寸之间关系的数学表达式。

① 正方形截面上"关键环"分布的特征方程如表 2-4 所示。

② 梯形截面上"关键环"分布的特征方程如表 2-10 所示。

③ 三心拱形截面上"关键环"分布的特征方程如表 2-14 所示。

④ 圆形截面上"关键环"半径满足如下特征方程:

$$r = 0.757\,95R + 0.002\,967$$

(3) 通过对不同通风风速下圆形截面中轴线上速度分布曲线进行分析,得出了圆形巷道截面内任意一点风速和截面上平均风速的表达式:

$$f(x) = \sum_{i=0}^{8} \left[(-1)^{(i+1)} C_i \cos(4.76ix) + (-1)^{(i+1)} E_i \sin(4.76ix) \right]$$

上式中,C_i、E_i 的值随着截面上平均风速值的变化而变化,与截面上平均风速值符合线性关系。

6.1.2 不规则截面巷道风流分布及"关键环"分布规律

通过将真实巷道内的不规则度进行量化和理想化的处理,考虑了半径分别为 100 mm、200 mm、300 mm、400 mm、500 mm、600 mm 的半球形凸凹体放置在巷道内不同位置时对截面上风流分布的影响,得出了不规则截面巷道内风流分布规律以及凸体对"关键环"分布曲线的破坏规律。研究结果表明:

(1) 凹体内的风速非常小,可以认为其对截面上"特征环"和"关键环"的分布几乎没有影响。

(2) 当巷道内有凸体存在时,与规则三心拱巷道紊流充分发展处相比,其截面上未被凸体影响的区域"特征环"的整体形状几乎未发生变化,但是"特征环"由截面中心向巷道边壁的速度梯度发生了变化,"关键环"以内的"特征环"的速度值均小于无凸体时的"特征环"速度值,并且通风风速越大,"关键环"以内"特征环"的速度梯度越小,即风速分布越平稳且越接近平均风速值;而"关键环"以外的"特征环"的速度值均大于无凸体时的"特征环"速度值,并且通风风速越大,"关键环"以外"特征环"的速度梯度越大,即速度分布越陡峭。在受到凸体影响的区域,凸体附近的"特征环"发生了变形,"特征环"的变形随着凸体位置的变化而变化。同时,凸体的存在会使其表面风流的速度增加,并且在紧贴凸体的边壁出现了整个截面上的最高风速,其与飞机机翼上部凸起面风速值较高的特性比较相似。

(3) 不同凸体尺寸、位置以及通风风速对"关键环"分布的影响不同。当凸体尺寸越大、通风风速越大且离截面上"关键环"分布距离越近时,凸体附近"关键环"分布区域出现的缺口越大。当凸体半径小于等于 400 mm 时,凸体所在位置另一侧的"关键环"依然符合无凸体时"关键环"分布规律;当凸体半径大于 400 mm 时,凸体所在位置另一侧的"关键环"不符合无凸体时"关键环"分布规律。同时,对凸体存在时紊流充分发展处截面上"关键环"的破坏过程进行了描述:当达到使不规则截面上平均风速分布曲线(椭圆)开始变形的临界凸体尺寸和通风风速时,平均风速分布区域(椭圆)在凸体附近的位置开始发生变形,先是向着凸体的位置向外扩张,使椭圆的面积增大,但是并未发生断裂,仍然是封闭的曲线,然后随着凸体尺寸的增加以及通风风速的加大,曲线开始断裂并且扩张的范围越来越大,即裂缝越来越大。

6.1.3 火灾时期巷道风流分布及"关键环"分布规律

在火灾时期巷道内风流分布规律的研究方面,主要集中在火灾强度、通风风速对巷道内风速、温度分布的影响,并进一步获得了巷道内风流及紊流充分发展处截面上"特征环"及"关键环"的分布规律,研究结果表明:

(1) 火灾发生时,烟流滚退的临界风速值随着火灾强度的加大而增大;在发生烟流滚退的情况下,巷道内前部温度较高,整个巷道内的温度分布不均匀;而在未发生烟流滚退的情况下,巷道内后部温度较高,巷道内的温度与速度沿着巷道长度方向分布比较均匀,并且有明显的分层现象。

(2) 温度分布呈现出与风流速度分布正好相反的规律,即巷道内速度高的区域温度较低,而速度较低的区域温度较高;通风风速小于烟流滚退的临界风速时,巷道截面上风速分布完全紊乱,通风风速大于烟流滚退的临界风速时,风速分布具有明显的分层现象,这种分层可描述为近似的同心圆被不同程度地向巷道底部压瘪。风速越小,圆心越向下移,并且同心圆被压瘪的程度越大,而风速越大,分布规律越接近于正常通风时期。

(3)火灾情况下,只要有温度差的存在,截面上原有的风流分布规律就会被破坏。若紊流充分发展处截面上温差为 0 ℃,则其"特征环"及"关键环"符合正常通风时的分布规律;若温差大于 0 ℃,温差越小"特征环"及"关键环"越接近正常通风时的分布,温差越大风流分布变化越大。

(4)0.5 m/s 和 1 m/s 通风风速下"关键环"分布紊乱,1.5~6 m/s 风速下"关键环"的分布区域仍然可以看作是一个封闭的非圆环,随着风速的增加,非圆环的轮廓越来越清晰,并且面积逐渐缩小,越来越接近正常通风时的"关键环"分布区域。当巷道内通风风速大于或等于 6 m/s 时,可以认为其紊流充分发展处截面上"关键环"的分布依然符合正常通风时期"关键环"的特征方程。

6.1.4 "关键环"工程应用探讨

结合煤矿安全生产实践,探讨了"关键环"理论在井下巷道风量准确测量及通风监控中的应用。以某煤矿实际巷道为例,提出了在实现巷道风量动态监测中,"关键环"理论在三心拱形截面、梯形截面以及正方形截面的应用方案。同时探讨了"关键环"在矿山通风监测监控系统中的应用,提出了"关键环"在通风监测监控系统日常管理及通风网络调节中的应用优势。

6.2 研究展望

本书取得了一些比较有价值的研究成果,但是有许多工作仍然值得做进一步的深入研究。

本书通过大量的数据分析得出了正方形、梯形、三心拱形以及圆形巷道截面的"关键环"分布曲线与其截面尺寸之间关系的数学表达式。然而在不同矿区巷道的梯形和三心拱形截面中,梯形上下底角度和三心拱扇形半径是不一致的,因此进一步分析梯形和三心拱形截面上平均风速分布区域与其所对应的角度和扇形半径的关系是非常有意义的。

在实际巷道中,巷道截面上的不规则度是比较复杂的,而本书为了便于对不规则度进行分析,将其进行了简化处理。在下一步研究工作中,可通过改进不规则度的处理方法,使计算结果更接近于真实巷道内的风流分布,并明确破坏"关键环"分布曲线的凸体临界尺寸。

本书在建立火灾时期三心拱形截面水平巷道模型时,采用了一些诸如巷道内无设备、行人以及巷道壁面绝热的假设,这些假设在火灾强度较低时误差较小,但当火灾强度较高时,巷道内风流的流动状态受到设备的影响较大,从而影响到风流速度和温度的分布;此外,巷道壁面绝热的假设会使在火灾强度较高时对巷道温度的计算失真,因此有待进一步寻找合适的描述壁面传热的模型,以对巷道温度计算加以改进。

参 考 文 献

[1] 贾进章.矿井火灾时期通风系统可靠性研究[D].阜新:辽宁工程技术大学,2004.

[2] 孙继平.基于物联网的煤矿瓦斯爆炸事故防范措施及典型事故分析[J].煤炭学报,2011,36(7):1172-1176.

[3] 周西华,王继仁,单亚飞,等.掘进巷道风流温度分布规律的数值模拟[J].中国安全科学学报,2002,12(2):19-23.

[4] 周西华,王继仁,卢国斌,等.回采工作面温度场分布规律的数值模拟[J].煤炭学报,2002,27(1):59-63.

[5] 陈雯,于向军.基于 FLUENT 的风粉管道风速流场模拟[J].江苏电机工程,2008,27(6):72-75.

[6] 王峰,王明年,邓园也.曲线公路隧道交通风力非稳态模拟研究[J].计算力学学报,2008,25(5):721-725.

[7] 高建良,张生华.压入式局部通风工作面风流分布数值模拟研究[J].中国安全科学学报,2004,14(1):93-96.

[8] 高建良,王春霞,徐昆伦.贯通巷道风流流场数值模拟若干关键问题研究[J].中国安全科学学报,2009,19(8):21-27.

[9] 郝元伟,陈开岩,蒋中承,等.基于 CFD 模拟的巷道风速监测值修正处理[J].煤矿安全,2011,42(2):1-3.

[10] 贾剑.对矿井风速监测的模拟分析[J].煤,2011,20(12):73-74.

[11] 祝兵,关宝树,郑道坊.公路长隧道纵向通风的数值模拟[J].西南交通大学学报,1999,34(2):133-137.

[12] LUO YONGHAO, ZHAO YANGSHENG, WANG YI, et al. Distributions of airflow in four rectangular section roadways with different supporting methods in underground coal mines[J]. Tunnelling and Underground Space Technology,2015,46:85-93.

[13] DIEGO I,TORNO S,TORAÑO J,et al. A practical use of CFD for ventilation of underground works[J]. Tunnelling and Underground Space Technology,2011,26(1):189-200.

[14] PARRA M T,VILLAFRUELA J M,CASTRO F,et al. Numerical and experimental analysis of different ventilation systems in deep mines[J]. Building and Environment,2006,41(2):87-93.

[15] 马勇,董炳戌,张兴隆,等.太阳房集热墙风口平均风速测定方法研究[J]. 建筑热能通风空调,2007,26(4):60-63.

[16] 端木礼明,黄晓霞,杨中华,等.受侧壁影响的矩形断面流速分布公式研究 [J].人民黄河,2004,26(1):7-8.

[17] 孙东坡,工二平,董志慧,等.矩形断面明渠流速分布的研究及应用[J].水 动力学研究与进展(A辑),2004,19(2):144-151.

[18] TOMINAGA A,NEZU I. Turbulent structure in compound open-channel flows[J]. Journal of Hydraulic Engineering,1991,117(1):21-41.

[19] NAOT D,NEZU I,NAKAGAMA H. Hydrodynamic behavior of compound rectangular open channels[J]. Hydraulic Engineering, 1993,119 (3):390-408.

[20] 尹进高,吕宏兴,栾维功,等.梯形渠道断面流速分布规律试验研究[J].人 民长江,2008,39(12):67-69.

[21] 谢志伟,雒天峰,李翔.梯形渠道流速分布规律及测流技术研究[J].人民 黄河,2008,30(1):63-64.

[22] 徐根海.一个简单实用的流速公式[J].西北水资源与水工程,1996,7(4): 59-63.

[23] 王丽娜,郑财,王世龙.利用"速度场常数"测量烟气平均流速方法的研究 [J].计量技术,2004(10):3-4.

[24] 刘殿武.用速度场系数简化风速测量方法[J].煤矿安全,2005,36(5): 42-43.

[25] 邵长宏,朱新能,刘干光.矿山井巷测风方法的探讨[J].煤炭科技,2005 (4):47-48.

[26] 樊小利.对用皮托管法测算平均风速误差的试验考察[J].煤矿安全, 2001,32(1):33-34.

[27] 欧冰洁,段发阶.超声波隧道风速测量技术研究[J].传感技术学报,2008,21(10):1804-1807.

[28] 张惠军,李喆.工作场所管道通风的测量[J].中国安全生产科学技术,2010,6(3):176-180.

[29] 程启明,程尹曼,汪明媚,等.风力发电中风速测量技术的发展[J].自动化仪表,2010,31(7):1-4.

[30] 王剑,王晓蕾,慕新仓,等.三类测风传感器的原理及性能比较[J].气象水文海洋仪器,2008,25(3):23-25.

[31] 安凤玲,任裕民,王兴奎.光电式断面流速量测系统的研制[J].水利水电技术,1997,28(9):58-60.

[32] 仲伟博,孙秋华,包建新,等.光纤流速流量计[J].黑龙江自动化技术与应用,1997,16(2):54-56.

[33] 重庆煤科分院.巷道灾变时期通风技术和 MTU 通风程序移植的研究:技术鉴定资料[Z].1991.

[34] DZIURZYNSKI W,TRACZ J,TRUTWIN W. Simulation of mine fires [C]//Brisbane:4th International Mine Ventilation Congress,1988.

[35] CHANG X,LAAGE L W,GREUER R E. A user's manual for MFIRE, U. S. Bureau of Mines[Z]. 1989.

[36] JONES W W,FORNEY G P. A technical reference for CFAST:an engineering tool for estimating fire and smoke transport[Z]//Gaitherburg: National Insititute of Standard and Technology, Building and Fire Research Laboratory,2000:17-77.

[37] MODIC J. Fire simulation in road tunnels[J]. Tunnelling and Underground Space Technology,2003,18(5):525-530.

[38] 何学秋,等.中国煤矿灾害防治理论与技术[M].徐州:中国矿业大学出版社,2006.

[39] CHOW W K. Simulation of tunnel fires using a zone model[J]. Tunnelling and Underground Space Technology,1996,11(2):221-236.

[40] JAIN S,KUMAR S,KUMAR S,et al. Numerical simulation of fire in a tunnel:comparative study of CFAST and CFX predictions[J]. Tunnelling and Underground Space Technology,2008,23(2):160-170.

[41] XUE H,HO J C,CHENG Y M. Comparison of different combustion models in enclosure fire simulation[J]. Fire Safety Journal,2001,36(1): 37-54.

[42] NILSEN A R,LOG T. Results from three models compared to full-scale tunnel fires tests[J]. Fire Safety Journal,2009,44(1):33-49.

[43] 马洪亮,周心权,王轩.多单元区域方法在矿井火灾模拟中的应用[J].煤炭科学技术,2008,36(1):62-64.

[44] YANG D,HU L H,JIANG Y Q,et al. Comparison of FDS predictions by different combustion models with measured data for enclosure fires [J]. Fire Safety Journal,2010,45(5):298-313.

[45] 杨立中,郭再富,季经纬,等.基于区域模拟的火灾发展模型[J].科学通报,2005,50(12):1272-1277.

[46] MIGOYA E,CRESPO A,GARCÍA J,et al. A simplified model of fires in road tunnels. Comparison with three-dimensional models and full-scale measurements[J]. Tunnelling and Underground Space Technology, 2009,24(1):37-52.

[47] 程远平,陈亮,张孟君.火灾过程中火源热释放速率模型及其实验测试方法[J].火灾科学,2002,11(2):70-74.

[48] 王志刚,倪照鹏,王宗存,等.设计火灾时火灾热释放速率曲线的确定[J].安全与环境学报,2004,4(增刊1):50-54.

[49] 钟委,霍然,史聪灵.热释放速率设定方式的几点讨论[J].自然灾害学报,2004,13(2):64-69.

[50] 何晟,王厚华.非稳态火源热释放速率在火灾网络模型中的应用[J].四川建筑科学研究,2007,33(2):73-76.

[51] JOHN R. Rauch- und waermeabzug bei braenden in grossen raeumen, vfdb-zeitsechung forschung[J]. Technik und Management im Brandschutz,1988,38(1):21-25.

[52] 雷兵.公路隧道火灾烟气流动的数值模拟[J].华南理工大学学报(自然科学版),2008,36(2):64-69.

[53] 张进华,杨高尚,彭立敏,等.隧道火灾烟气流动的数值模拟[J].中南公路工程,2006,31(1):4-8.

[54] LI J S M,CHOW W K. Numerical studies on performance evaluation of tunnel ventilation safety systems[J]. Tunnelling and Underground Space Technology,2003,18(5):435-452.

[55] 张发勇,冯炼. 终南山特长公路隧道火灾通风数值模拟分析[J]. 地下空间,2004,24(4):506-509.

[56] LIN C J,CHUAH Y K. A study on long tunnel smoke extraction strategies by numerical simulation[J]. Tunnelling and Underground Space Technology,2008,23(5):522-530.

[57] 苏传荣,王海燕,周心权. 矿井掘进巷道火灾数值模拟研究[C]//沈阳:国际安全科学与技术学术研讨会论文集.沈阳:辽宁科学技术出版社,2006.

[58] 蒋军成,王省身. 矿井火灾巷道烟气流动场模型[J]. 矿冶工程,1997,17(2):6-10.

[59] 成剑林,邹声华. 地铁火灾模拟研究[J]. 安全与环境工程,2006,13(1):96-99.

[60] 褚燕燕,蒋仲安. 矿井巷道火灾烟气运动模拟研究[J]. 矿业安全与环保,2007,34(5):13-14.

[61] 周心权,王海燕,赵红泽. 平巷烟流滚退逆行规律[J]. 北京科技大学学报,2004,26(2):118-121.

[62] 王海燕,周心权. 平巷烟流滚退火烟羽流模型及其特征参数研究[J]. 煤炭学报,2004,29(2):190-194.

[63] 周福宝,王德明. 矿井火灾烟流滚退距离的数值模拟[J]. 中国矿业大学学报,2004,33(5):499-503.

[64] 周福宝,王德明. 巷(隧)道火灾烟流滚退距离的无因次关系式[J]. 中国矿业大学学报,2003,32(4):407-410.

[65] 周福宝,王德明. 巷道火灾烟流滚退距离的理论研究[J]. 湘潭矿业学院学报,2003,18(4):22-24.

[66] 周延,王德明,周福宝. 水平巷道火灾中烟流逆流层长度的实验研究[J]. 中国矿业大学学报,2001,30(5):446-448.

[67] BEARD A,CARVEL R. The handbook of tunnel fire safety[M]. New York:Thomas Telford Publishing,2005.

[68] HU L H,HUO R,CHOW W K. Studies on buoyancy-driven back-laye-

ring flow in tunnel fires[J]. Experimental Thermal and Fluid Science, 2008,32(8):1468-1483.

[69] HWANG C C,EDWARDS J C. The critical ventilation velocity in tunnel fires:a computer simulation[J]. Fire Safety Journal,2005,40(3): 213-244.

[70] DEPARTMENT M H,BOSTON M A. Memorial tunnel fire ventilation test program:test report[R]. Central Artery/Tunnel Project,1995.

[71] WU Y,BAKAR M Z A. Control of smoke flow in tunnel fires using longitudinal ventilation systems:a study of the critical velocity[J]. Fire Safety Journal,2000,35(4):363-390.

[72] KENNEDY W D,GONZALEZ J A,SANCHEZ J G. Derivation and application of the SES critical velocity equations[R]. 1996.

[73] KUNSCH J P. Simple model for control of fire gases in a ventilated tunnel[J]. Fire Safety Journal,2002,37(1):67-81.

[74] LI Y Z,LEI B,INGASON H. Study of critical velocity and backlayering length in longitudinally ventilated tunnel fires[J]. Fire Safety Journal, 2010,45(6/7/8):361-370.

[75] VAUQUELIN O,WU Y. Influence of tunnel width on longitudinal smoke control[J]. Fire Safety Journal,2006,41(6):420-426.

[76] WOODBURN P J,BRITTER R E. CFD simulations of a tunnel fire-Part II[J]. Fire Safety Journal,1996,26(1):63-90.

[77] 王省身,张国枢.矿井火灾防治[M].徐州:中国矿业大学出版社,1990.

[78] 周心权,吴兵.矿井火灾救灾理论与实践[M].北京:煤炭工业出版社,1996.

[79] 王德明.矿井火灾救灾决策支持系统的研制[D].徐州:中国矿业大学,1993.

[80] 蔡永乐.矿井内因火灾防治理论与实践[M].北京:煤炭工业出版社,2001.

[81] 耿继原.矿井火灾时期烟流动态过程的数值模拟[D].阜新:辽宁工程技术大学,2007.

[82] 周心权,方裕璋.矿井火灾防治:A类[M].徐州:中国矿业大学出版

社,2002.

[83] 邱雁.巷道火灾烟流二维流动理论及模拟技术研究[D].北京:中国矿业大学(北京),2003.

[84] 钟茂华.火灾过程动力学特性分析[M].北京:科学出版社,2007.

[85] 周福宝,王德明.井巷网络火灾特性及计算机模拟[M].徐州:中国矿业大学出版社,2007.

[86] 张圣柱,程卫民,张如明,等.矿井胶带巷火灾风流稳定性模拟与控制技术研究[J].煤炭学报,2011,36(5):812-817.

[87] 爱德华 J C,辛大忠.用计算机程序预测矿井火灾时的风流状况[J].煤矿安全,1982,13(9):59-61.

[88] 李湖生.用电子计算机模拟火灾时期矿井通风系统的风流状态[J].煤矿安全,1988,19(4):13-14.

[89] 赵以惠,杨戈眉,王省身.矿井火灾时期风网动态过程的研究[J].煤矿安全,1988(4):48-49.

[90] 常心坦.矿井火灾通风的模拟计算[J].煤矿安全,1991,22(4):22-29.

[91] 钟茂华,陈宝智.基于遗传算法的矿井火灾时期风流优化控制[J].煤炭学报,1998(2):51-54.

[92] 李湖生,黄元平.矿井火灾时期风流控制方案的优化计算[J].煤炭学报,1996,21(4):407-410.

[93] 李学文,郑守淇,常心坦.矿井火灾通风动态模拟并行计算及其可视化[J].煤矿安全,2000,31(1):28-29.

[94] 范隆声,鲍杰,娄海关.矿井火灾期间风流状态模拟方法分析[J].中国煤炭,2001,27(12):40-42.

[95] 戚宜欣,王省身.矿井火灾时期风流紊乱规律及风流控制的计算机模拟研究[J].煤矿安全,1990,21(6):27-31.

[96] 戚宜欣,王省身,鲍庆国.矿井火灾时期风流流动及通风系统变化的动态模拟[J].中国矿业大学学报,1995,24(3):19-23.

[97] 傅圣英,任彦斌.煤巷掘进工作面火灾风流状态分析及特征[C]//西安:中国职业安全健康协会 2006 年学术年会论文集,2006:618-622.

[98] 张兴凯.矿井火灾时期风流动态过程的计算[J].煤矿安全,1990,21(6):55-60.

[99] 张兴凯,王振财,姚尔义.矿井火灾时期风流非稳定状态的通风原理[J].煤矿安全,1993,24(6):35-40.

[100] 张兴凯,李华.一次实际模拟火灾实验结果及分析[J].煤矿安全,1994,25(10):6-8.

[101] 薛二龙.矿井火灾过程的虚拟现实研究[D].太原:太原理工大学,2003.

[102] 蒋军成,王省身.矿井竖巷内火灾燃烧模拟实验研究[J].火灾科学,1997,6(2):55-59.

[103] 周延,王德明,周福宝.水平巷道火灾中烟流逆流层长度的实验研究[J].中国矿业大学学报,2001,30(5):446-448.

[104] HU L H,HUO R,WANG H B,et al. Experimental studies on fire-induced buoyant smoke temperature distribution along tunnel ceiling[J]. Building and Environment,2007,42(11):3905-3915.

[105] 李跃军,邹团结.雪峰山特长公路隧道火灾通风数值仿真分析[J].公路工程,2008,33(3):43-48.

[106] WANG Y F,JIANG J C,ZHU D Z. Full-scale experiment research and theoretical study for fires in tunnels with roof openings[J]. Fire Safety Journal,2009,44(3):339-348.

[107] 黄光球,陆秋琴,郑彦全.地下矿通风系统风流稳定性分析新方法[J].金属矿山,2005(11):63-65.

[108] 韩向宾,李翠华.风量风压监测技术的研究与应用[J].现代制造技术与装备,2008(3):56.

[109] 陈成芝,石新慧,焦志远.风量风压监测仪并入监控系统研究与应用[J].山东煤炭科技,2009(3):166-167.

[110] 刘伟伟,任子晖,李宁,等.基于嵌入式系统的煤矿主通风机在线监测系统的设计[J].工矿自动化,2010,36(5):85-87.

[111] 高金成,汪宗波,曹英莉.井下通风系统远程控制及在线监测的应用[J].中国矿山工程,2009,38(4):23-24.

[112] 何书建,严俭祝.矿井风硐风量、风压智能监测仪的研制及应用[J].煤炭科学技术,2000,28(12):19-21.

[113] 严俭祝,宗伟林,何书建.矿井风量风压智能监测仪的开发与应用[J].煤矿安全,2000,31(7):46-47.

[114] 魏东光,于常顺,蒋春华.智能型风量、风压监测仪原理及应用[J].山东煤炭科技,2004(2):63.

[115] 华大龙.矿用自适应风压风量监测仪关键技术研究[J].煤矿机械,2010,31(2):182-184.

[116] 许学先,沈统谦.矿井主通风机的在线监控系统[J].矿山机械,2009,37(2):92-93.

[117] 王志敏.煤矿主要通风机计算机监测监视及无线网络通讯系统[J].煤矿安全,2010,41(7):112-113.

[118] 姚金林.生产矿井 GAF 主要通风机风量的连续监测[J].煤矿安全,2005,36(1):24-25.

[119] 陆永耕.矿井风机风量参数实时动态监测系统[J].煤矿自动化,2000,26(2):43-44.

[120] 刘文杰,陈庆玲,贾智山.自行研制矿井通风监测系统[J].矿山机械,2001,29(8):57-58.

[121] 高婷,华钢,朱艾春,等.风压风量在线监测仪的研制[J].煤矿机械,2010,31(10):154-156.

[122] 杜辉.基于 CAN 总线的矿井通风监测系统[J].计算机工程与设计,2009,30(15):3565-3567.

[123] 周以福.隧道风机监测仪的研制[J].西部探矿工程,2000,12(2):91-96.

[124] 全国安全生产标准化技术委员会煤矿山安全分技术委员会.煤矿安全监控系统及检测仪器使用管理规范:AQ1029-2019[S].北京:中华人民共和国应急管理部,2020.

[125] 中华人民共和国应急管理部,国家矿山安全监察局.煤矿安全规程:2022[M].北京:应急管理出版社,2022.

[126] 刘鹤年,刘京.流体力学[M].3 版.北京:中国建筑工业出版社,2016.

[127] DINENNO P J. SFPE handbook of fire protection engineering,third edition[M].Quincy, MA:the National Fire Protection Association,2002.

[128] 丁翠,聂百胜,洪婷,等.金属非金属地下矿山监测监控系统研究[J].中国安全生产科学技术,2013,9(3):119-124.